ACEITE DE COCO
Dieta y Obesidad

Calixto López

ACEITE DE COCO

DIETA Y OBESIDAD

**Calixto López
(2018)**

PRÓLOGO DEL AUTOR

Mucho se habla de las propiedades funcionales del aceite de coco, incluso sobre su posible empleo para bajar de peso y combatir la obesidad, pero ¿qué hay de cierto en esto último?, ¿qué pruebas lo avalan? De esto precisamente trata este libro, de encontrar respuestas para estas interrogantes, pero con evidencias científicas extraídas de las publicaciones de investigadores y especialistas que han hurgado en este complejo y escabroso campo.

Una clave, una especie de código nos puede guiar en nuestros propósitos, algo relacionado con su particular y original perfil lipídico, quizás el secreto mejor guardado del aceite de coco, el que nos pueda ayudar a o predecir su comportamiento: los MCT y los cuerpos cetónicos. Con estas herramientas enfocaremos la esencia del problema, independientemente de cual sea el resultado.

El libro en sí consta de tres capítulos, además de uno introductorio. El primero, en cuanto a contenido, trata sobre la original composición del aceite de coco, el segundo sobre su rol en la dieta cetogénica como génesis de las investigaciones desarrolladas hasta el presente y el papel de los MCT en ella, y el último sobre sus posibles efectos sobre el sobrepeso y la obesidad. En ese orden están escritos, pero si el lector desea variarlo u omitir alguno, solo recomendamos que antes de sumergirse en el último tenga alguna noción sobre la naturaleza y composición de este aceite y el rol metabólico de los MCT.

CAPÍTULO I

INTRODUCCIÓN

Los aceites vegetales constituyen alimentos básicos indispensables para el adecuado funcionamiento del organismo humano. Sin embargo, consumidos de forma arbitraria, sin conocer su perfil lipídico y propiedades nutritivas, pueden resultar perjudiciales para la salud, con lo que se revierte drásticamente su posible rol.

Cada aceite vegetal posee una composición o perfil lipídico diferente al de los demás, que es el causante de sus propiedades físicas y químicas, y de las posibles aplicaciones derivadas de éstas. De los componentes que forman parte de los aceites sobresalen los triglecéridos o esteres de la glicerina con ácidos grasos de diferente estructura y naturaleza que son los que definen las propiedades particulares del aceite.

Dentro de los aceites vegetales, el aceite de coco presenta propiedades muy particulares las cuales han motivado que en los últimos tiempos se le dedique especial atención, en él se conjugan factores muy específicos relacionados con su original perfil lipídico, en el que predominan ácidos grasos saturados de cadena media, muy diferente al que existe en los aceites comunes, en que abundan más los ácidos grasos de cadena superior a 14 átomos de carbono.

El aceite de coco no resulta un producto de existencia

frecuente en los supermercados y establecimientos minoristas como los demás aceites comunes, aunque anualmente se producen más de 2,8 MTM en el mundo, preferentemente en países con clima tropical, y la mayor parte de ellos con una economía emergente o en desarrollo. Paralelamente, éste ha tomado interés en los medios de comunicación y de divulgación científica, incluyendo los relacionados con la red, atendiendo a un grupo de propiedades farmacológicas que se le atribuyen, incluyendo su posible efecto sobre enfermedades cerebrales como la epilepsia y el alzheimer, para las que por su complejidad no existen tratamientos eficaces.

A pesar de lo anterior, por su perfil lipídico rico en ácidos grasos saturados, aunque de cadena media, no puede inducirse que el aceite de coco no esté asociado con las enfermedades cardiovasculares, aunque en este sentido aparecen defensores y detractores. También, atendiendo a que los ácidos grasos de cadena media son más fáciles de metabolizar en el organismo, hay quienes defienden que la energía asociada a los mismos se consume con rapidez, evitándose o disminuyendo su almacenamiento en el tejido adiposo, y por consiguiente jugando un rol positivo en la lucha contra la obesidad y el sobrepeso, conjugado con una dieta adecuada.

Estudiamos pues un aceite con un particular perfil lipídico en que los ácidos grasos que prevalecen son los de cadena media: láurico (C12:0), cáprico (C10:0) y caprílico (C8:0), lo que dota a este producto de un sinnúmero de interesantes y originales propiedades.

Hoy día existen numerosas evidencias para considerar al aceite de coco como un alimento o producto funcional, a pesar de que algunos sectores de la comunidad científica duden de su eficacia, o en la prevención o tratamiento de algunas afecciones, y en el sector tecnológico las opiniones se dividan entre los partidarios o beneficiarios de esta industria y la dura o brutal competencia.

En ello influyen diferentes factores. Por una parte, la popularidad que está teniendo este aceite en los medios de propaganda como cura eficaz en el tratamiento de múltiples dolencias, sin suficientes pruebas concluyentes que lo avalen, por lo que se tiende en algunos casos a exagerar, o atribuir propiedades y beneficios para la salud que este aceite no tiene, o su efecto es en menor cuantía de lo deseado, con lo cual en el mismo saco se incluyen otras que en efecto si tiene. En este sentido circulan noticias, incluso videos, sobre cientos de afecciones que pueden ser tratadas con este "maravilloso producto", lo que más que una defensa contribuye a su cuestionamiento.

Otras fuentes, incluso especializadas, tienden a buscar en el aceite de coco, o demostrar, que no influye, o lo hace negativamente en el tratamiento de diversas afecciones, o que puede constituir un factor de riesgo, como en las enfermedades cardiovasculares atendiendo a su alto contenido de ácidos grasos saturados. En este último caso, las opiniones están muy divididas, mostrando un papel crítico diversas instituciones internacionales como la American Heart Association (AHA), independientemente que al parecer, aún no se hayan encontrado pruebas concluyentes sobre su rol y posible efecto en ellas.

Por otra parte, resulta común en el comportamiento de las personas el que si presentan alguna afección y se hable de las maravillas de un producto, traten de encontrar en él el remedio para sus males, así: si se tiende a la calvicie su uso para el cabello, si se presentan afecciones epidérmicas, en el tratamiento para la piel, si se es obeso para adelgazar, y así sucesivamente, con lo cual se acude al producto valorando de antemano resultados que no ha comprobado, lo que puede ocasionar que se aprecien cualidades que no lo son, o se cree predisposición al no hallar lo esperado.

Y es que ese producto o panacea universal para el tratamiento de todos los males no existe, aunque hay fármacos, alimentos funcionales u otros productos de amplio espectro dada su compleja composición química que en efecto pueden ser de uso más general que otros, como ocurre por ejemplo, con el allium sativum L. (ajo) que por contener compuestos organosulforados en su composición, juega diferentes funciones como agente hipolipemiante, hipoglicémico, antioxidante y bacteriológico, etc.

Con los aceites el problema toma un carácter muy particular, pues se olvida en sus valoracuiones que son mezclas complejas de composición variable, en las que están presentes numerosas sustancias, aunque simplifiquemos su denominación como mezclas de triacilglicéridos, pese a que vienen acompañados de otros componentes con efecto generalmente beneficioso para la salud, aunque no en todos los casos.

De esta forma, los componentes secundarios que acompañan al aceite de oliva y otros aceites vegetales complementan su efecto nutritivo sobre el organismo, y no hay que olvidar que aunque sean constituyentes menores, su acción puede ser de relativa intensidad, o al menos, representativa. Así, en el aspecto negativo, los alérgenos del maní, algunos de los cuales pueden acompañar al aceite, aunque en pequeña proporción, son capaces de causar efectos drásticos en personas propensas a la alergia a este alimento. Un caso similar ocurrió con la colza que en lo referente al ácido erúcico considerado una toxina, que obligó a realizar importantes investigaciones en la década del 60 del siglo pasado hasta obtener una variedad de planta con bajas cantidades de éste ácido de cadena larga, esto es, la canola, cuyo aceite actualmente es uno de los de mayor producción y consumo en el mundo, por encima del de girasol.

Paralelamente, los tocoferoles, compuestos polifenólicos, vitaminas, minerales, etc, que acompañan a los aceites vegetales vírgenes son beneficiosos para la salud, algunos de ellos de marcada acción antiinflamatoria como el "oleocantal", recientemente aislado de algunos lotes de aceite de oliva griegos, con acción semejante al ibuprofeno y que puede ser una forma eficaz de empleo para ayudar a compensar el estado de personas que necesiten de ese antiinflamatorio, aunque sus cantidades en el aceite de oliva sean muy pequeñas para suplantar el tratamiento del fármaco, o que no se halla en todos los aceites de oliva vírgenes.

Con respecto al aceite de coco, éste más que en las manos científicas se encuentra en muchos tejados: en los medios de comunicación, en el de la opinión pública, hasta en el fanatismo religioso, y en la mente de muchas personas sencillas necesitadas de remedios eficaces para sus afecciones, que ven en él un elemento esperanzador en el tratamiento de sus males.

Nos parece entonces, que la comunidad científica y los especialistas en el tema deben tomar partido en esta polémica y más que caer en cabildeos y discusiones bizantinas, establecer sobre bases científicas lo que puede haber de cierto o no en las atribuciones básicas que se hacen de este aceite.

En un reciente libro que publicamos sobre el aceite de coco, como parte de un estudio sistemático que estamos realizando de cada uno de los aceites vegetales básicos que se consumen en el mundo, defendíamos que **el aceite de coco, más que todo, es un aceite vegetal con una composición química particular, que determina sus propiedades y características básicas** y como tal había que verlo y emplearlo en lo que realmente era más útil de acuerdo a esa composición. No pasamos por alto en este estudio, su principal característica relacionada con su original perfil lipídico, compuesto por triacilglicéridos de ácidos grasos de cadena media (MCT) que es el que le confiere sus propiedades fisicoquímicas y su llamativo estado sólido a temperatura ambiente, así como los efectos sobre el organismo derivados de este perfil.

Con este aceite vegetal, y con todos los que estudiados con anterioridad, hemos tratado de hacer prevalecer la idea de lograr la identidad propia de cada uno de ellos, y que no se vean como productos secundarios subordinados a un remedio u otro, y en este caso el aceite de coco es el que más precisa de que se le trate como tal, habida cuenta además, que su producción se sitúa en el 10mo. lugar en el ranking mundial, y que es consumido por millones de personas en el mundo.

En esta ocasión el reto es mucho más delicado, por cuanto el contenido puede estar de acuerdo o no con las opiniones o suposiciones de personas de diferentes comunidades sociales y hasta científicas, por lo que como en otras ocasiones, solo nos atendremos a dar nuestro juicio cuando existan pruebas o evidencias concluyentes, o que resulten en axiomas que no precisen comprobación, y en este sentido nos aventuraremos a tratar de demostrar, si las pruebas así lo evidencian, que **el aceite de coco es un alimento funcional** y puede resultar útil en la prevención o la atenuación de algunas afecciones, aunque no alcance la magnitud que a veces se espera, o se deseara.

En particular centraremos la atención en el efecto del aceite de coco sobre el sobrepeso y la obesidad, tomando como evidencias los resultados de investigaciones experimentales en animales y en humanos realizadas por diferentes especialistas y publicadas en artículos de revistas especializadas, sin que en alguno de los casos se puedan realizar generalizaciones tan amplias como se deseara, pero si sirven de fundamento para el tratamiento del tema en cuestión.

Como preámbulo en el enfoque del efecto del aceite de coco sobre la obesidad y el sobrepeso, nos vimos precisados a tratar dos importantes temas que sirven de base para comprender la naturaleza y propiedades de este aceite, que son las que determinan su acción sobre el organismo en lo referente a su composición o perfil lipídico, y los antecedentes que fundamentan su uso a partir de las investigaciones realizadas sobre la dieta cetogénica, y los cuerpos cetónicos, y el papel que juega en ello los **MCT, el secreto mejor guardado del coco y su aceite.**

CAPÍTULO II

COMPOSICIÓN DEL ACEITE DE COCO

1.- Aceite de Coco.

El aceite de coco es una grasa vegetal muy peculiar, que se diferencia con mucho de los demás aceites básicos en su perfil lipídico, lo que le confiere propiedades y características un tanto especiales, máxime si por tal motivo, se fija su atención en estos momentos en la polémica de si es beneficioso o no su empleo en la alimentación, y su efecto sobre la salud humana.

La polémica, como expresábamos en este caso, está servida, y algunos lo valoran y sobrevaloran como una panacea con múltiples beneficios para el bienestar y el metabolismo del organismo, en virtud a su rara y alta composición de ácidos grasos saturados de cadena media (AGSCM), mucho mayor que la de los demás aceites comunes. Otros, en virtud a su alta concentración de grasas saturadas, incluso superior a la del aceite de palma africana, consideran que constituye un factor de riesgo para las enfermedades cardiovasculares (ECV), y sobre todo para mantener niveles adecuados de colesterol.

Los aceites comunes: **girasol, canola, palma, soya, maíz, maní, algodón y oliva**, fundamentan sus propiedades en un eje central principal relacionado con la concentración de los prototipos básicos de ácidos grasos: **palmítico, esteárico, oleico**, los dos primeros saturados (AGS) y el tercero monoinsaturado (AGMI). En algunos resalta también la presencia significativa de ácidos grasos poliinsatutarados (AGPI) como el **linoleico**, con dos dobles enlaces en la cadena hidrocarbonada y **linolénico**, con tres. Pero en todo caso nos referimos a ácidos grasos con cadenas hidrocarbonadas iguales, o mayores de 16 átomos de carbono.

El aceite de coco, sin embargo, presenta un perfil lipídico particular en que prevalecen ácidos grasos saturados de cadena hidrocarbonada media, donde sobresale, sobre todo, el ácido **láurico** (C12:0) con una concentración del 47% o más, y otros de menor longitud de cadena: **caprílico** (C8:0): 8%, **cáprico** (C10:0): 6%; a los que se suma el ácido **mirístico** (C14:0): 18%, que le confieren a este aceite propiedades y características muy especiales, además de que este elevado indicador de ácidos grasos saturados, sobre el 90%, incide en sus propiedades físicas, sobre todo, la relativamente alta temperatura de fusión 24-26 C, que hace que en los países de clima frío, o templado, se presente como una sustancia sólida blanca, no así en los meridionales, o de clima cálido, en que se puede presentar como un líquido ligeramente amarillo muy pálido o incoloro.

Esta composición del aceite de coco no es el único elemento que determina que hagamos una valoración diferenciada del mismo, porque composiciones diferentes muestran otros aceites como el de cacahuete con valores relativamente significativos de ácidos aráquico (C20:0); 1.5%) y behénico (C22:0), 3,0 %) o el propio de la colza original que contiene aún determinada proporción de ácido erúcico (C22:1), o el de soja con niveles cercanos al 50% de ácido linoleico (C18:2), y otros indicadores más que le dan la textura, el gusto, y caracterizan a estos aceites.

Por lo que si solo fuese el problema de la composición lo que le atribuye importancia al aceite de coco, tal vez no mostrase relevancia y cualquier análisis del mismo se realizaría centrándose principalmente en su perfil lipídico. Existe otro factor sumamente importante y no es siquiera el económico: constituye la atención mediática que se le esta dando en los medios de comunicación, incluyendo por supuesto la red, y por diferentes autores, sobre todo por aquellos que magnifican sus propiedades beneficiosas para la salud u otros que rechazan vehementemente esta suposición. Lo que consciente o inconscientemente puede causar problemas, sobre todo en las personas más propensas a creer ciegamente en lo que se oye o se escribe.

En esencia, antes de referirnos a la polémica, podemos definir que el aceite de coco es una grasa vegetal que se obtiene de la masa blanca del coco, fruto del *Cocos lucífera Linn*. Extraído por prensado (**virgen**) y luego purificado, blanqueado, desodorizado y en resumen, refinado (**aceite de coco refinado**)

El aceite refinado de coco (**RBD**) se presenta como un líquido amarillo pálido o incoloro a temperaturas superiores a su punto de fusión: 24-26C, o semi sólido con textura semejante al lardo a temperaturas ligeramente menores a la de fusión, incluso, duro y quebradizo a temperaturas por debajo de los 15C. El aceite virgen guarda los olores, el gusto y los aromas del fruto, mientras el refinado tiende a ser inodoro e insípido. El precio en el mercado minorista europeo supera el de los aceites vegetales comunes, incluso, hasta el del aceite de oliva.

1.1- Bases de la Polémica.

La naturaleza y composición del aceite de coco, donde predominan los AGSCM, es considerada por algunos como que éstos son mejor asimilados por el organismo y por consiguiente más fáciles de metabolizar, y que no existen pruebas suficientes para considerar que su carácter saturado pueda estar asociado a las enfermedades cardiovasculares o causantes de que se eleve el colesterol sanguíneo y otros indicadores relacionados con el daño aterosclerótico, como las lipoproteínas de baja densidad (LDL). Aunque en artículos recientes sobre experimentos en humanos, se hace referencia a que sí eleva estos dos indicadores, pero también las lipoproteínas de alta densidad (HDL), con lo que se contrarresta su posible efecto negativo. Pero de todo esto aún no se han extraído evidencias concluyentes.

Se sustenta también su teoría de que el ácido láurico y el caprílico se encuentran formando parte de la leche materna en proporciones ligeramente superiores al 6 y el 2% respectivamente, también que se encuentran, aunque en menor proporción en la leche de vaca. Además, y asociado con lo de la leche materna, ésta posee ciertas propiedades antimicrobianas que podrían ayudar a las defensas del organismo. Es cierto que se ha reportado este efecto sobre algunos tipos de microorganismo, pero en humanos se necesitaría de más pruebas para establecer correlaciones confiables.

Otro aspecto que podría resultar relevante sobre las bondades del aceite de coco es lo relacionado con su posible efecto para contrarrestar y ralentizar afecciones cerebro encefálicas como la epilepsia y el alzheimer, en dependencia del grado de desarrollo de la enfermedad, el sexo, y las características metabólicas del individuo.

Algunos productores de aceite de coco con fines farmacéuticos indican que los triacilglicéridos (TAG) conteniendo AGSCM son poco frecuentes en la dieta humana, a diferencia de sus homólogos de cadena larga, base de nuestra dieta, y concluyen que comparativamente estos proporcionan más energía a las células por su rápida absorción y oxidación, ya que en los otros es más lenta y compleja. Consideran además, que éstos tienen menos capacidad para acumularse en el tejido adiposo, y por último, su no intervención en el ciclo del colesterol, mientras que en los demás sí intervienen en el mismo, aunque esta cuestión merece una mayor profundización antes de refirmarse tan categóricamente.

Atendiendo a lo que expresan las organizaciones internacionales para la salud, habida cuenta de la alta concentración de AGS en el aceite de coco, la mayoría son del criterio de moderar o atenuar su uso como alimento, donde se incluyen: la **OMS** (Organización Mundial para la Salud), en Estados Unidos la Administración de Alimentos y Medicamentos, el Departamento de salud y Servicios Sociales, así como en el Reino Unido: El Servicio Nacional de Salud. Los elementos que apoyan sus planteamientos están relacionados con la elevada concentración de ácidos grasos saturados que contiene, del orden del 90%.

Por otra parte y para finalizar, la controversia se ha centrado en tratar de ver el aceite de coco como un fármaco, con lo que se restringe las posibilidades de empleo de este producto, por cuanto debe tratarse y verse tal cual es: **un aceite vegetal de composición original y compleja** cuyos usos deben centrarse en su perfil lipídico y en las múltiples posibilidades de empleo derivadas de éste, claro está, y de acuerdo a nuestro análisis centrado en verlo como un **ingrediente o producto alimentario**.

2. Perfil Lipídico del Aceite de Coco.

Hasta ahora, en esta parte introductoria se han mencionado con frecuencia diferentes ácidos grasos componentes del aceite de coco, por lo que es recomendable centrarnos de momento en su perfil lipídico:

Composición de ácidos grasos en el aceite de coco (g/100 g de aceite).

C8:0 Caprílico   8
C10:0 Cáprico   6
C12:0 Láurico   47
C14:0 Mirístico 18
C16:0 Palmítico 9
C18:0 Esteárico 2.5
Total AGS 90.5

C18:1 Oleico   7
Total AGMI 7

C18:2 Linoleico 2.5
Total AGPI: 2,5

Es necesario destacar que en el mercado se nos presentan varios tipos de aceite de coco que difieren ligeramente en su composición. Nos detendremos preferentemente en el aceite de coco virgen obtenido por presión en frío sobre la masa de coco (copra) molida, que contiene los ingredientes básicos originales de la masa de coco sin ser sometido a procesos de calentamiento o de refinación, y al aceite **RBD**, que es el aceite de coco refinado sometido a procesos de purificación semejantes al de los demás aceites comunes refinados, aunque con algunos matices.

2.1 Aceite de Coco RBD.

El aceite de coco **RBD** se presenta como un líquido de color amarillo muy claro, a temperaturas superiores a los 26 C, debajo de esta temperatura es sólido, de color blanco, inodoro y exento de aromas y sabores extraños.

Físicamente presenta una temperatura de fusión de 24C, o ligeramente superior, lo que depende de su composición, origen y los métodos de refinación, pero nunca superior a los 27C.

Desde el punto de vista químico debe presentar las siguientes características, de acuerdo con las norma internacionales establecidas:

1. Índice de yodo g(I_2)/100 g = 8.0 – 12.0
2. Índice de acidez (láurico) máximo: 0,06
3. Índice de peróxidos meq O_2/Kg. máxima: 10.0
4. Composición de ácidos grasos %.

-Caprílico (8:0): 6.0 – 10.0
-Cáprico (10:0): 5.0 – 8.0
-Láurico (12:0): 44.0 – 50.0
-Mirístico (14:0): 16.0 – 20.0
-Palmítico (16:0): 8.0 – 11.0
-Esteárico (18:0): 2.0 – 4.0
-Oleico (18:1): 4.0 – 11.0
-Linoleico (18:2) 1.0 – 3.0

Salta a la vista, tan pronto observar el perfil lipídico

del aceite de coco, la elevada proporción de ácidos grasos de menor tamaño de cadena molecular que los acostumbrados a encontrar en otros aceites básicos, en esencia, de los aceites más comunes: girasol, colza, palma africana, soja y maíz. Estos ácidos son: el (C12:0), láurico (47%), y (C14:0), mirístico (18%), también que las concentraciones de ácidos (C8:0) Caprílico (8%) y (C10:0), Cáprico (6%), no son nada despreciables, y por último que la concentración de (C18:1) ácido oleico es mucho más baja que en cualquiera de los demás aceites comestibles, que en el menor de los casos siempre se encuentra por encima del 15%.

Por ejemplo, para las siguientes grasas, las concentraciones de ácido oleico rondan estas proporciones:

Manteca de cerdo: 35-40 %

Mantequilla: 22 %

Aceite de Soja: 20-25 %

Aceite de Maíz: 25-30 %

Aceite de Girasol: 30 %

Aceite de Palma: 38 %

Sebo: 40 %

Aceite de Colza: 45 %

Aceite de Oliva: 65-70 %

Normalmente en los aceites vegetales la composición de los ácidos grasos principales de cadena menor que 16 átomos de carbono es relativamente poco significativa, lo que nos indica que nos encontramos ante un aceite con un perfil lipídco muy particular.

No obstante, composiciones semejantes de ácidos grasos como las del aceite de coco se encuentran en otras palmeras como se aprecia en la tabla siguiente, donde se comparan los perfiles ácidos en % de las palmeras: Oleosa, de Babasu y Coco.

Ácidos grasos	P. Oleosa	P. de Babasu	P. de Coco *
Caprílico	6	4,5	8
Cáprico	4	7	6
Láurico	47	45	47
Mirístico	16	16	18
Palmítico	8	7	9
Esteárico	2,5	4	2,5
Total AGS	**83,5**	**83,5**	**90,5**
Oleic	14	14	7
Total AGMI	**14**	**14**	**7**
Linoleico	2,5	2,5	2,5
Total AGPI	**2,5**	**2,5**	**2,5**

* Fuente: Belitz y Grosch (1997).

También el aceite extraído del palmiste (parte central coprosa del fruto de la palma africana), presenta una composición semejante que la del aceite de coco, así vemos que en los ácidos grasos principales de cadena media, este aceite presenta el siguiente perfil:

2.2.-Perfil Lipídico del Aceite de Palmiste RBD (%).

-Caprílico (8:0): 1,9-6,2
-Cáprico (10:0): 2,6-5,0
-Láurico (12:0): 40,0 – 55,0
-Mirístico (14:0): 14,0 – 18,0
-Palmítico (16:0): 6,5-10,3
-Esteárico (18:0): 1,3-3,0
-Oleico (18:1): 12,0-21,0
-Linoleico (18:2) 1,3 – 3,5.

La semejanza resulta notable, si bien este último aceite presenta una proporción mayor de ácido oleico, también se reportan entre sus indicadores comerciales la presencia de muy pequeñas cantidades de otros ácidos grasos: caproico: (C6:0), linolénico: (C18:3), entre otros. Sin embargo, una comparación entre ambas palmeras no sería recomendable, habida cuenta que en la tecnología de obtención de los aceites de palma se emplea todo el fruto, no solo la semilla coprosa central, aunque estos datos se refieren al aceite de esta almendra.

El que la proporción de un ácido graso monoinsaturado como el ácido oleico en el aceite de coco sea relativamente baja y menor que en los demás aceites, podría suponer que éste realiza una menor protección sobre las ECV, y por ser los ácidos con mayor representación en el aceite de coco los saturados, también que pudiesen tener un efecto aterogénico negativo sobre las concentraciones de LDL y colesterol.

Por todas estas razones sería sorprendente que el aceite de coco tuviese alguna representatividad en el mercado de los aceites comestibles, y más bien su uso estuviese dirigido a la industria de los cosméticos, donde sí al parecer existen evidencias sobre sus beneficios para el tratamiento de la piel y el cabello.

Por otra parte, y en sentido práctico, parecería más beneficioso desde el punto de vista económico el uso del aceite en la industria alimenticia, dadas las bondades de éste, sobre todo en la manufactura de confituras y otros productos relacionados, atendiendo a su relativamente alta temperatura de fusión y punto de huma, así como la de su manteca hidrogenada.

Sin embargo, en relación a estos aspectos, e independientemente de lo discutido en al inicio sobre su efecto sobre la salud, la realidad es que este aceite se produce y se comercializa en el mundo en una escala significativa, con un volumen de 2,8 MTM, en la campaña 2016-2017 (10mo puesto a nivel mundial) ligeramente inferior a los aceites de oliva (3,0) y maíz (3,7). Por lo que es necesario que atendamos una serie de parámetros que estudiaremos más adelante y que justifican este hecho aparentemente anómalo, pero antes detengámonos un momento en las características de la planta y en las bondades del cocotero.

3.-Palma de Coco.

El cocotero, cuya nomenclatura botánica es *Cocos lucífera Linn* es un tipo de palmera de la familia arecaceae, alcanza una altura de unos 30 m y produce un fruto de gran tamaño: el coco. Se considera oriundo de Asia, independientemente de algunas polémicas sobre su posible origen en América. Los principales productores son: Indonesia, Filipinas e India entre muchos otros, pues es una planta tropical que se ha extendido ampliamente en todo el planeta.

El fruto, dada su alta resistencia, es un incesante viajero marítimo responsable de la principal vegetación de muchos islotes y atolones del Pacífico, donde ha sido llevado por tifones, tormentas y por las corrientes marítimas. Una vez tocar tierra, aunque sea arenosa, germina y es capaz de agarrarse con sus raíces al corredizo y árido terreno.

En estas pobres condiciones de fertilidad del suelo, el cocotero crece hasta alcanzar la esbeltez y la altura que lo hace ser una hermosa planta, a veces solitaria, pero que caracteriza los típicos paisajes tropicales de las islas.

Su madera es lo suficientemente resistente al agua para que sus troncos hayan servido para construir muelles de pequeñas embarcaciones, y también como madera obtenida de forma laboriosa por los lugareños, que se convierte en los principales tablones que cubren las puertas y paredes de sus casas.

Las hojas del cocotero son de gran tamaño, y llegan a medir hasta más de 3 m de largo. Pueden emplearse en techos y paredes de viviendas rústicas: ranchos, bohíos, cabañas, etc.

El coco, fruto de gran tamaño, puede presentarse en varias coloraciones: verde y amarillento y de tamaño variado. Precisa de temperatura y humedad relativamente altas, condiciones que se dan en las regiones tropicales, aunque es capaz de crecer, bajo determinadas condiciones en zonas con climas subtropicales. Es un árbol muy resistente, capaz de enfrentar fuertes vientos, pero no soporta el frío, ni la altura. El que acepte salinidades altas le permite competir con éxito con otras plantas y que aparezca en playas y terrenos arenosos.

El coco produce un agua refrescante de sabor agradable y característico, que en los últimos años se ha logrado envasar, lo que facilita su comercialización en diferentes lugares del planeta. La masa blanca (copra), dentro del coco, va creciendo durante la madurez hasta llegar a alcanzar dureza y consistencia, y contiene entre 60-70% de grasas.

El rendimiento del coco por unidad de superficie cultivada es mucho menor que el de la palma africana y según datos de los cultivos en Filipinas, es del orden de 5TM por hectárea.

4.-Composición del Coco como Fruto.

En el coco como fruto podemos diferenciar los siguientes componentes.

Cáscara: 15 %
Fibra: 43%
Copra: 30%
Agua: 12%

En la copra de coco:

Aceite: 65%
Pasta; 17,5%
Agua: 17,5%

El fruto del cocotero puede llegar a pesar hasta 2kg y dentro de éste se pueden destacar varias partes:

Cáscara gruesa y dura (exocarpio)

Mesocarpio: parte fibrosa
Endocarpio: parte marrón que contiene la pulpa
Endospermo: masa blanca que va endureciéndose con la maduración del fruto.

El producto principal es la masa (copra), aunque el agua de coco envasada amplia constantemente su producción y demanda.

El coco se comercializa como fruta fresca, cuando éste aproximadamente tiene 6 meses, momento en que su contenido de agua rinde entre 250 y 500 ml. Para que la masa alcance un peso y grosor adecuado hay que esperar más de un año o que el fruto caiga al suelo por si solo, en otras palabras, cuando se seca.

La masa se emplea con diferentes fines, no solo para producir aceite, sino que se puede comer directamente o como es común, rallada, forma en que se emplea en dulcería, pastelería y en general para confituras. Un helado muy original y vistoso es el obtenido a base de coco contenido en su mismo cascarón, libre de la cubierta externa fibrosa (endocarpio), éste se da en llamar *coco glasé*. Una forma de ingerir el agua de coco es en momentos intermedios de su madurez, en que ésta alcanza mayor dulzor y se ha formado una capa de masa blanca suave y blanda de buen sabor. El agua de coco es una bebida isotónica.

Sin realizar mayores procesamientos, de la copra se extrae un líquido lechoso que triturado y exprimido resulta de gran valor nutricional y que se puede emplear directamente como bebida pura o mezclada, así como en el quehacer culinario.

Además de grasa (60-70%), la copra contiene fibra,

generalmente soluble (10-11%), carbohidratos (3-5%), vitaminas (E: 0,7 mg, C: 2,0 mg), y minerales donde destacan el K, Mg, P y Ca.

También, aunque en menor escala, tal vez baja para un fruto, contiene carbohidratos y proteínas.

La cubierta que contiene la copra se emplea en la industria para obtener carbón activado de gran calidad, por lo que a veces ocurre, que la obtención del aceite y otros productos del coco se consideran como subproductos en la obtención de este valioso material adsorbente, dada la excelencia del mismo y su alta demanda en el mercado.

Al igual que con otras semillas oleaginosas, la torta prensada obtenida como remanente en la extracción y refinación de aceite se emplea como alimento animal, fundamentalmente para el ganado vacuno.

También la cubierta fibrosa del coco se puede emplear como combustible.

La industria del coco en los principales países productores de Asia ha dejado también su remanente negativo en la deforestación de extensas zonas boscosas derribadas para dedicarlas al cultivo intensivo de esta palmera, aunque con menor incidencia que la palma africana, pero que es necesario tener presente por su daño al medio ambiente y al deterioro climático del planeta.

A semejanza del aceite de palma africana, la elevada concentración de grasas saturadas del aceite de coco ralentiza su deterioro, sobre todo el enranciamiento, por lo que puede estar más de seis meses a temperatura ambiente sin sufrir oxidación apreciable, y mucho mayor tiempo bajo enfriamiento, lo que posibilita su empleo en la elaboración de helados, confituras, etc.

No obstante, el que el aceite de coco presente una temperatura de fusión menor que el aceite de palma africana, hace que para su uso en confitería, y en general en la industria de la harina, éste sea sometido a hidrogenación catalítica para su empleo, sobre todo en regiones con climas cálidos, lo que se traduce en la obtención de una especie de margarina o manteca de coco, con temperatura de fusión mayor de 35C pero con el handicap que se forman grasas *trans*, con incidencia negativa en las ECV.

5. Métodos de Extracción del Aceite de Coco.

Se emplean dos métodos básicos: **seco y húmedo**

Seco:

La masa se seca de diversas formas: por calentamiento, mediante fuego, luz solar u hornos, atendiendo a que en muchos lugares se emplean métodos rudimentarios y artesanales de producción. Luego se tritura y una vez obtenida la copra, se presiona o se disuelve, con lo que se forma una especie de puré con alto contenido de fibra y proteínas que es de baja calidad para el consumo humano, pero no para animales, preferentemente rumiantes. En ocasiones esta pasta en llamada indebidamente manteca de coco y también constituye un rubro comercial, pero que no es exactamente la manteca o aceite de coco, pues contiene grandes cantidades de fibra, remanentes de humedad y otros componentes propios del fruto. Una porción del aceite de copra se pierde en el proceso de extracción.

Húmedo:

Emplea coco crudo para crear una emulsión entre la proteína, el aceite, y el agua. Posteriormente hay que romper la emulsión - aspecto algo complicado- para separar el aceite. Puede hacerse por calentamiento prolongado, pero el aceite resultante es de muy baja calidad y se elevan los costos de producción al tener que incrementar la temperatura durante el proceso.

Modernamente se emplean centrifugadoras y pretratamiento en frío mediante ácidos, sales, etc.

En comparación, pese a las mejoras tecnológicas, el tratamiento húmedo es menos eficiente y el rendimiento es menor en más de un 10%. Por otra parte, el equipamiento tecnológico es más complejo y costoso.

También el método de empleo tiene que ver con el proceso de maduración y recogida del coco y su grado de sequedad, siempre es recomendable trabajar con la copra lo más madura posible.

Al igual que en la extracción de otros aceites vegetales, el n-hexano resulta ser un disolvente conveniente. Luego de ser tratada la masa se refina el aceite para eliminar ácidos grasos libres y otras sustancias que se mantienen como impurezas, y que pueden acelerar el enranciamiento.

En esencia, existen diferentes procesos de extracción y producción, desde los más simples, elementales y rudimentarios, hasta otros con tecnología y equipamiento avanzado, semejantes a los empleados en la obtención de la mayoría de los aceites comestibles.

Para obtener 100 L de aceite de coco se necesita alrededor de una tonelada de coco bruto, o lo que es igual, aproximadamente 240 Kg. de copra seca.

Una técnica más moderna **RBD** (refinado, blanqueo y desodorizado) emplea copra seca bajo prensado en caliente, con lo que se extrae la casi totalidad del aceite (alrededor del 60% de aceite por peso de coco) con lo que se produce un aceite crudo aún no listo para el consumo, por lo que debe ser refinado con un calentamiento adicional para eliminar las sustancias polares de baja masa molecular y posteriormente filtrado. Al aceite refinado se le llama **aceite RBD** y es el más común en el mercado.

Existen otras técnicas que incluyen procesos enzimáticos, con los que se obtienen aceites de alta calidad. Es necesario destacar que el aceite de coco refinado pierde el sabor y el olor del coco natural, pero no sufre afectación significativa en sus componentes lipídicos, y si lo necesario son los AGSCM, según lo que se recomienda en algunos usos, no es necesario acudir al aceite de coco virgen, para el cual aún no existe una certificación apropiada, aunque en algunos países, como Alemania, se trabaja en este sentido.

Aceite de Coco Virgen y "Virgen Extra".

Aunque no existen garantías para afirmar que un aceite de coco se extrae de la fruta fresca del cocotero, en el mercado se expenden aceites bajo la nomenclatura de virgen y "virgen extra", que en esencia son los que no han sido sometidos a procesos de refinación y que se han obtenido solo por prensado, molienda y separación por filtrado, y según información de los productores, proceden de masa de coco fresca de frutos recién colectados.

El término "virgen extra" es inadecuado, por cuanto éste solo está autorizado para nombrar los aceites de oliva de gran calidad, bajo test organoléptico por catadores especializados. Más bien esto puede deberse a una argucia comercial para obtener mayores ventas, comoquiera esto es incorrecto y en parte censurable. También se cuestiona el término "ecológico" por cuanto en los cultivos de cocoteros generalmente no se emplean pesticidas ni herbicidas, por la altura que alcanza la planta, a la vez perenne.

Ante esta situación lo más correcto es referirse a aceites de coco virgen que se han obtenido por vía húmeda o seca., lo demás responde a técnicas comerciales.

6. Hidrólisis del Aceite de Coco.

Muchos coinciden en afirmar que los ácidos grasos saturados de cadena media componentes del aceite de coco, y que aparecen en éste en forma de triacilglicéridos, son más fáciles de metabolizar por el organismo, incluso que pueden disminuir los indicadores de obesidad, incluyendo los niveles de almacenamiento de grasas, por cuanto éstos se metabolizan con mayor rapidez que los de cadena larga, y no tienden a acumularse en los adipositos. Atendiendo a esto y otros factores industriales, se han realizado estudios para aislar y obtener los ácidos de forma libre, no como triacilglicéridos, lo que implica la hidrólisis de éste de acuerdo a la siguiente reacción:

TAG + H2O = AGL + Glicerina

Esta reacción en el organismo es acelerada mediante catálisis enzimática en la que intervienen diferentes enzimas, pero en el laboratorio esto se puede modelar mediante el empleo de microorganismos que produzcan estos catalizadores bioquímicos, por ejemplo: *Cándida cylindracea*, proceso que demora más de dos días y en el cual se obtienen rendimientos entre el 80-90%, correspondiendo la concentración de ácidos grasos obtenidos semejante a la propia del aceite en ácidos de igual naturaleza.

Consideración Final.

Por último, queremos volver a dejar constancia que el aceite de coco es ante todo un aceite vegetal alimentario, más que un fármaco o un producto industrial, por lo que su consumo debe hacerse de forma similar al de cualquier aceite de vegetal, esto es, en cantidades moderadas, no excesivas y de acuerdo con las demandas y necesidades del organismo. Por las expectativas que están surgiendo en el tratamiento de diversas enfermedades debe estarse muy atentos y realizar un uso seguro cuando existan pruebas o evidencias concluyentes sobre su eficacia ante una determinada patología, mientras tanto, reconocer que hasta ahora es esto: *un aceite vegetal rico en hidrocarburos saturados de cadena media.*

ANEXO.

ÁCIDOS GRASOS DE CADENA MEDIA COMPONENTES DEL ACEITE DE COCO.

C8:0 Caprílico   8%

C10:0 Cáprico   6%

C12:0 Láurico   47%

C14:0 Mirístico 18%

ÁCIDO CAPRÍLICO (C8:0). Octanoico.

$CH_3 (CH_2)_6 COOH$.

Es un ácido graso líquido, saturado, de cadena hidrocarbonada media, constituida por ocho átomos de carbono, incluyendo el propio del grupo carboxilo. Está presente con un contenido aproximado del 7% en el aceite de la nuez de la palma africana, y 8% en del coco. También está presente en la grasa de la leche de algunos mamíferos. Algunas propiedades físicas se muestran a continuación:

M: 144,21 g/mol
Densidad: 0,91 g/cm³
Temp. Fusión 17,9 C
Temp. Ebullición: 237 C
pKa: 4,89

El ácido caprílico posee acción antimicrobiana frente a determinados microorganismos patógenos como: *Streptomyces agalactiae, S. dysgalactiae, Staph. aureus, y E. coli*, entre otros.

En medio ácido, a un pH ácido de 4,8 se emplea en laboratorios especializados como precipitante de un gran número de proteínas plasmáticas.

ÁCIDO CÁPRICO. (C10:0) (Decanoico).

$CH_3(CH_2)_8COOH$.

Es un ácido graso saturado de longitud de cadena hidrocarbonada media, constituida por diez átomos de carbono, incluyendo el propio del grupo funcional carboxilo.

Se presenta como sólido blanco cristalino de olor intenso, a temperatura ambiente, y funde a temperaturas ligeramente más altas.

Masa Molecular: 172,26 g/mol.
Temp. De fusión 31,6 C
Temp. De ebullición: 269 C
Densidad: 0,89 g/cm^3

El nombre de ácido cáprico deriva del latín, y se refiere a su olor semejante al de las cabras, en cuyos tejidos se encuentra en determinada proporción, aunque en mayor medida en el aceite de coco como triacilglicérido, pero en él su olor no es predominante, porque de serlo; este aceite y la masa de coco en particular, limitaría su empleo en cosmética y en pastelería, etc.

Conjuntamente con el ácido caproico (C6:0) y el ácido caprílico (C8:0) conforman alrededor del 15 % de la grasa de la leche de cabra.

Aunque el ácido cáprico se puede obtener por hidrólisis ácida de las grasas, se produce preferentemente por oxidación del decanol, un alcohol alifático de diez átomos de carbono de longitud de cadena, mediante oxidantes inorgánicos poderosos como el trióxido de cromo.

Presenta interés también en la industria alimentaria como antiespumante y con otros fines.

ÁCIDO LÁURICO (C12:0). n-dodecanoico.

$CH_3 (CH_2)_{10} COOH$.

Masa molecular: 200,32 g/mol
Tf: 42,2C
T. Descomp. 298 C
Densidad: 0,88 g/cm³

Es un ácido graso saturado de cadena hidrocarbonada media, constituida por doce átomos de carbono, incluyendo el propio del grupo funcional carboxilo. Es sólido a temperatura ambiente pero de bajo punto de fusión. Presenta cierto olor a jabón, y de hecho se obtienen de él excelentes jabones duros y muy espumantes por su marcada acción tensioactiva, que constituye también uno de sus principales usos, por lo que disuelve fácilmente las grasas y líquidos apolares. Se le achaca también acción antimicrobiana.

Se encuentra en determinada proporción en la grasa de la leche humana (6,2%), de rumiantes como la de vaca (2,9%) y de la cabra (3,2%).

Aunque se halla presente en el aceite de diversas palmeras, es en el de coco donde ha adquirido notoriedad por encontrarse en éste en una proporción cercana al 50 %.

Conjuntamente con el ácido mirístico conforman cerca del 70% de los ácidos grasos del aceite de coco, por lo que éste se considera un aceite rico en grasas de cadena media. Comoquiera que en algunas investigaciones se les ha asociado con el incremento de las lipoproteínas de baja densidad (**LDL**) y por consiguiente con el daño aterogénico, es que algunos discrepan del efecto positivo de éste en la salud, sin embargo, en tiempo reciente se le ha relacionado como un producto alternativo para atenuar o revertir el alzheimer en determinado grado, aunque no se cuentan con suficientes pruebas al efecto.

Como los ácidos mencionados, el ácido láurico no debe ingerirse en estado puro, y en este caso produce una fuerte irritación en el tracto digestivo.

ÁCIDO MIRÍSTICO (C14:0). Tetradecanoico.

$CH_3 (CH_2)_{12} COOH$.

Aunque por su longitud de cadena el ácido mirístico no deba incluirse entre los ácidos grasos de cadena media, el estar en la frontera o zona divisoria de ambos grupos y ser su presencia poco común en los demás aceites vegetales, merece que hagamos mención a sus principales características.

El ácido mirístico es un ácido graso saturado, sólido a temperatura ambiente, de cadena hidrocarbonada entre media y larga, constituida por 14 átomos de carbono, incluyendo el propio del grupo funcional carboxilo. Es muy poco soluble en agua, pero sí en solventes de menor polaridad.

Masa molecular: 228,4 g/mol
Densidad: 0,8622 g/cm^3
Temp. de fusión: 54,4 C
Solubilidad 1,07 mg/L

Su nombre proviene de la nuez moscada (*Myristica fragrans*); cuya grasa sólida contiene cantidades elevadas de este ácido graso (75 %) en forma de triacilglicérido o trimiristina, como se le llama comúnmente.

Su concentración cercana al 20% en el aceite de coco es considerada como factor de riesgo en las enfermedades cardiovasculares, por su correlación positiva con las lipoproteínas de baja densidad transportadoras de colesterol.

CAPÍTULO III

ACEITE DE COCO Y DIETA CETOGÉNICA

Aunque la naturaleza y el propósito de la dieta cetogénica surgió al margen del aceite de coco, es precisamente por ella donde debemos comenzar nuestro enfoque del problema, pues a partir de ahí es donde comenzaron los estudios y las investigaciones científicas sobre los triacilglicéridos de cadena media (MCT), y su efecto sobre diferentes funciones metabólicas del organismo, incluyendo la combustión celular en zonas tan importantes como el cerebro. Estos glicéridos de cadena media se encuentran en una alta proporción (más del 60%) como componentes del aceite de coco, lo que da una importancia trascendental a este producto como posible alimento funcional, así como los derivados que se pueden obtener a partir de él.

Son los MCT el secreto mejor guardado del aceite de coco y de las almendras de otras palmáceas semejantes, y los que le proporcionan las sorprendentes propiedades que éste tiene en el tratamiento de diversas afecciones en campos muy variados, sobre todo las relacionadas con el metabolismo de este tipo de lípidos y su posible efecto en el organismo.

La dieta cetogénica, cuyo nombre está relacionado con los cuerpos o sustancias cetónicas que se crean durante el metabolismo de los alimentos, al sustituir una porción de los carbohidratos (CHO) por lípidos (L) (manteniendo normal o bajo el nivel de proteínas (P) para que la energía se obtenga preferentemente a partir de la alta porción lipídica, no tuvo nada que ver en sus inicios con los MCT, y su objetivo era el tratamiento de las personas afectadas de convulsiones con el objeto de incidir sobre los neurotrasmisores y la producción de glutamina, causantes de las mismas, en otras palabras, era una dieta anticonvulsiva.

En esta dieta se trataba de mantener lo más alta posible la relación L/(CHO + P), sin que se sobrepasaran los límites posibles de asimilación de las grasas por parte del organismo y no se crearan intensas reacciones colaterales adversas.

Desde el punto de vista de su composición, y ante los efectos colaterales que pudiese ocasionar, se establecieron de forma empírica dos tipos básicos de dietas cetogénicas, determinadas por la relación de L/(CHO + P) = 4/1 en la más drástica, y 3/1 en la más débil, o más tolerable.

Como se ve, se excedía con mucho el consumo de grasas, sin distinción en el tipo de triacilglicéridos que la componían, de hecho se empleaban las grasas comunes compuestas por ácidos grasos de cadena larga (14-18 átomos de carbono).

Los antecedentes de esta dieta se remontan a inicios del siglo XX, y estaba relacionada con la observación de que bajo condiciones de ayuno, con defecto de glucosa, los pacientes afectados de convulsiones sufrían menos de estos trastornos, sobre todo epilepsia, cuando este hecho provocaba la formación en el organismo de un estado de cetogénisis con la formación de cuerpos o sustancias cetónicas.

La epilepsia es una enfermedad cerebral crónica caracterizada por la aparición de convulsiones, que se originan por descargas eléctricas excesivas de células cerebrales, las cuales pueden encontrarse en cualquier lugar del cerebro. Indudablemente, estas células se comportan de forma anómala y cualquier acto o elemento que favorezca el buen funcionamiento de las mismas, podría tal vez jugar un efecto positivo para el organismo.

Los aportes más significativos en estos años fueron los de R. Woodyatt y R. Wilder (1,2) publicados indistintamente en 1921, quienes consideraron, que sin recurrir al ayuno se podría llegar a este estado de cetonuria, sustituyendo parte de los carbohidratos por grasas en lo equivalente al aporte de energía de éstos. Ambos científicos llegaron, de forma independiente, a establecer proporciones en el empleo de los diferentes tipos de grupos alimentarios así como a formular dietas, los principios de las cuales aún se mantienen vigentes en la actualidad.

Según las sugerencias de R. Wilder, el total de gasto energético debía lograrse con 1 g de proteína por Kg. de peso corporal, 10 -15 g de carbohidratos y el resto en grasas.

En un sentido más actual, aproximadamente la dieta debe estar constituida por un 71% de grasas, 19% de carbohidratos y 10% proteínas.

Esta dieta siguió empleándose con cierto éxito para el tratamiento con fines terapéuticos de afecciones relacionadas con las convulsiones hasta el surgimiento de los derivados de la hidantoína (fenilhidantoína) a mediados de la década del 30 del pasado siglo, que comenzaron a ser empleados como fármacos para el tratamiento de la epilpsia y otras enfermedades relacionadas.

Hidantoína   Difenilhidantoína

Aunque la difenilhidantoína (difenidina) fue descubierta en 1908 por H. Biltz (3) no fue hasta 1938, que H. Merryt y T. Putnam descubrieron que era efectiva en estados convulsivos, por lo que la dieta cetogénica comenzó a ceder terreno ante este tipo de fármacos dado los síntomas desagradables que acompañaban a este tipo de tratamiento, sobre todo en su etapa inicial.

No obstante, hacia 1971 P. Huttenlocher y colaboradores (4) propusieron la sustitución de los lípidos constituidos por triacilglicéridos de cadena larga por los de cadena media, obteniendo efectos satisfactorios, por cuanto estos lípidos son más fácilmente metabolizados en el organismo con una producción mayor de cuerpos cetónicos, con lo cual la dieta podía ser menos drástica y más efectiva, y con menores trastornos secundaruios en lo referente a la tolerancia por las personas.

Anteriormente, en 1967 O. Owen y colaboradores (5)

habían postulado que:

"El acetatoacetato y el D-β-hidroxibutirato son la principal alternativa del cerebro como combustible ante la deficiencia de glucosa en condiciones en las que la ingesta de hidratos de carbono se reduce significativamente, o en ejercicios físicos intensos. Las cetonas sustituyen a la glucosa y suministran el 80% de las necesidades energéticas del cerebro…" Aspecto también considerado por E. Drenick (6) en 1972.

En 1976 el propio P. Huttenlocher (7) publicó un artículo en que comparó los resultados de la dieta cetogénica convencional con los obtenidos cuando en ella se incorporaban MCT en un estudio realizado en humanos (niños) en el que los pacientes "no mostraron elevaciones del colesterol sérico y sólo tuvieron un ligero aumento en los ácidos grasos totales, en contraste con la marcada hiperlipidemia observada en los niños en la dieta estándar alta en grasas" . "El uso a largo plazo de la dieta MCT no afectó el pH de la sangre venosa. La glucosa en sangre cayó por debajo de 50 mg/100 ml en un tercio de los niños, y los niveles más bajos se alcanzaron entre 2 y 3 semanas después del inicio de la dieta. En el plasma, el D-β-hidroxibutirato (BHB) y el acetoacetato se elevaron gradualmente después del inicio de la terapia dietética, alcanzándose los niveles máximos después de aproximadamente un mes… Los niveles plasmáticos de BHB mostraron una correlación significativa con el efecto anticonvulsivo (p menos de 0,02). Tanto la cetonemia como la acción anticonvulsiva se invirtieron rápidamente mediante la infusión de sangre intravenosa"

Aunque puede que el lector encuentre un poco

tediosas o reiterativas las referencias a artículos científicos que hemos expuesto, así como otras que siguen, es necesario destacar que si algo ha faltado en las múltiples controversias y disquisiciones en torno a los efectos funcionales del aceite de coco, sus MCT constituyentes, y sus posibles beneficios para la salud, es el abordar éstos con argumentos científicos, más que con narraciones de experiencias comunes o casos particulares, por lo que es necesario, si no profundizar, si al menos acudir a las bases bioquímicas del problema y las referencias de estudios científicos realizados por especialistas sobre el tema.

Hay que tener presente que el aceite de coco está compuesto por más del 60% de triglicéridos de cadena media, cuestión no inherente a otras grasas con excepción de las de almendras de palmas. Lo que indudablemente hizo que la comunidad científica fijara la atención en los mismos, pues a partir de este momento las dietas cetógenicas volverían a tomar un lugar destacado en el tratamiento de las enfermedades convulsivas

Así, años más tarde de los estudios de Huttenlocher y otros especialistas sobre el empleo y el efecto de los MCT en la dieta cetogénica, en 1995 G. Mitchell y colaboradores (8) resumían que: "Los cuerpos cetónicos se producen en el hígado, principalmente a partir de la oxidación de los ácidos grasos, y se exportan a los tejidos periféricos para su uso como fuente de energía. Son particularmente importantes para el cerebro, que no tiene ninguna otra fuente de energía sustancial no derivada de la glucosa. Los dos principales cuerpos cetónicos son el 3-hidroxibutirato (3HB) y el acetoacetato (AcAc). Bioquímicamente, las anormalidades del metabolismo de los cuerpos cetónicos pueden presentarse en 3 formas: cetosis, hipoglicemia hipocelótica, y anormalidades de la proporción 3HB/AcAc"

En 2001 R. Veech en colaboración con C. Kashiwaya, H. Lardy y G. Cahill Jr. (9) publicaban que: "...el D-β-hidroxibutirato (abreviado "DHB") también puede proporcionar una fuente de energía más eficiente para el cerebro por unidad de oxígeno, apoyado por el mismo fenómeno observado en el corazón de rata perfundido y en el esperma. También se ha demostrado que disminuye la muerte celular en dos cultivos neuronales humanos, uno un modelo de Alzheimer y el otro de la enfermedad de Parkinson. Estas observaciones plantean la posibilidad de que una serie de trastornos neurológicos, genéticos y adquiridos, puedan beneficiarse de la cetosis".

Más adelante, en 2003 dos de los autores del artículo anterior: G. Cahill Jr. y R. Veech (10) retomaron el tema y expusieron que: "Estudios recientes han demostrado que el D- β-hidroxibutirato, la principal "cetona", no es sólo un combustible, sino un supercombustible" que produce más eficientemente energía ATP que la glucosa o los ácidos grasos." También informaron que: "Se están realizando esfuerzos para preparar ésteres de β-hidroxibutirato que pueden tomarse por vía oral o parenteral para estudiar sus posibles aplicaciones terapéuticas"

Años después, en 2010 M. Samoilova y colaboradores (11) informaron que: "La dieta cetogénica (KD), utilizada con éxito para tratar una variedad de síndromes de epilepsia en humanos y para atenuar las convulsiones en diferentes modelos animales, también proporciona una poderosa neuroprotección en varios modelos de lesiones del SNC (sistema nervioso central). Sin embargo, el papel directo de los cuerpos cetónicos en la limitación de las convulsiones y el daño neuronal sigue siendo poco conocido... El tratamiento in vitro crónico con un cuerpo de cetona, D-β-hidroxibutirato, protegió los cultivos contra la hipoglucemia crónica, la privación de oxígeno y glucosa y la citotoxicidad inducida..."

En 2011 L. Massieu y colaboradores (12) destacaron que: "La glucosa es el principal sustrato que satisface las demandas energéticas del cerebro. Sin embargo, en algunas circunstancias, como la diabetes, el hambre, durante el período de lactancia y la dieta cetogénica, el cerebro utiliza los cuerpos cetónicos, el acetoacetato y el β-hidroxibutirato, como fuentes de energía. La utilización del cuerpo de la cetona en el cerebro depende directamente de su concentración sanguínea, que normalmente es muy baja, pero aumenta sustancialmente durante las condiciones mencionadas anteriormente".

En investigaciones realizadas en ratas demostraron que: "...el acetoacetato protege eficazmente contra la neurotoxicidad del glutamato tanto in vivo como in vitro, probablemente mediante un mecanismo que implica su papel como sustrato energético."

Bajo estos criterios, la dieta cetogénica comenzó de nuevo a tomar relevancia como vía para el tratamiento de trastornos cerebroencefálicos, fundamentalmente la epilepsia, pero ahora de una forma más fácil y efectiva de tratar con la incorporación de los MCT.

Por último, en 2016 Y. Nonaka y colaboradores (13)

estudiaron la acción del ácido láurico presente en alta proporción en el aceite de coco (cerca del 50%), para la producción de cuerpos cetónicos en astrositos KT-5, lo que notaron que ocurría en mucha mayor cuantía que con el ácido oleico, por lo que consideraron que este ácido graso de cadena media podía resultar útil en la cetogénesis.

Según estos autores: "Los tratamientos con ácido láurico aumentaron la concentración total del cuerpo cetónico en el sobrenadante del cultivo celular en mayor medida que el ácido oleico, lo que sugiere que el ácido láurico puede activar directa y potentemente la cetogénesis en los astrositos KT-5. Estos resultados sugieren que el consumo de aceite de coco puede mejorar la salud cerebral al activar directamente la cetogénesis en los astrositos, y por lo tanto, al proporcionar combustible a las neuronas vecinas".

Estos científicos nipones observaron también que: "En un principio, la ingestión de aceite de coco no elevó sustancialmente los niveles de cuerpos cetónicos en sangre, pero si la concentración de ácidos grasos libres de cadena media como el láurico", por lo que al tratar los astrositos del cerebro de ratas durante cuatro horas hallaron esa notable elevación. La comparación de aceites se realizó entre el aceite de coco y el de girasol alto oleico por las elevadas concentraciones de este ácido insaturado que tiene el aceite alto oleico.

Todo lo anterior fundamenta el porque el aceite de coco esté atrayendo tanto la atención mediática como terapia potencial para el tratamiento de las enfermedades cerebro encefálicas, atendiendo a su alto contenido de triacilglicéridos de cadena media creadores de cuerpos cetónicos, que pueden ser conducidos hasta cerebro y compensar las limitaciones de oxidación de la glucosa como fuente de energía de las neuronas y así impedir su muerte.

La comparación en cuanto a la mayor producción de cuerpos cetogénicos por MCT en comparación con los triacilglicéridos de cadena larga (TCL) procedentes de aceites alto oleico y que éstos llegaran a los astrositos es muy significativa, pues éstos colindan con las neuronas a las que pueden proporcionar esta forma de combustible de gran eficiencia energética, lo que se traduce en que el aceite de coco puede ser útil para la salud y el buen funcionamiento cerebral.

En relación con lo anterior, es necesario considerar que los astrositos se originan en las primeras fases del de desarrollo del sistema nervioso central, están directamente asociados con las neuronas y conforman la frontera entre el organismo y el sistema cerebral; ellos se entrelazan alrededor de la neurona y forman una red de sostén de éstas, así como hacen de membrana protectora del resto del organismo y controlan el paso de los nutrientes, por lo que la aparición de cetogénesis en ellos a partir del ácido laurico contenido en el aceite de coco, es una prueba concluyente de la posible acción de este aceite sobre las funciones cerebroencefálicas.

Volviendo a la dieta cetogénica, aunque hay diversos criterios, se considera que la tercera parte del contenido energético de la dieta deba estar correlacionado con los MCT para favorecer una mejor tolerancia digestiva.

Los triglicéridos de cadena media son los que

contienen entre 6-12 átomos de carbono en la cadena hidrocarbonada, aunque en la naturaleza generalmente se encuentran solo los de forma par: 6 (ácido caproico), 8 (ácido caprílico), 10 (ácido cáprico) y 12 (acido láurico). Estos tres últimos son los que más abundan en la naturaleza, sobre todo en los aceites de las almendras de las palmeras y más que todo, en el aceite de coco. Visto de esta manera, surge la evidencia del efecto positivo del aceite de coco como fuente de MCT y generador de cuerpos cetónicos para prevenir las afecciones tratadas con la dieta cetogénica y como componente de éstas, por cuanto alrededor del 60% de este tipo de ácidos se encuentran en el mismo.

Los cuerpos cetónicos, principalmente el β-hydroxybutirato y el acetoacetato, son el principal combustible cerebral alternativo a la glucosa.

Acetona   Ácido cetoacético

Ácido – β-hidroxibutírico

Generalmente se citan los dos últimos como acetoacetato y D-β-hidroxibutírico, respectivamente.

Se considera que los cuerpos cetónicos se forman en las mitocondrias de las células del hígado en varias etapas a partir de la acetoacetil-CoA, que se condensa con una molécula similar para producir β-hidroxi-β-metilglutaril-CoA, que posteriormente se hidroliza para formar acetil-CoA y acetoacetato y este último puede reducirse a β-hidoxibutirato y también derivar en acetona, aunque en mucha menor cantidad, pero en general en la cetogénesis el rol principal lo ejecutan el acetoacetato y el β-hidroxibutirato.

Parece ser que mientras menor es el tamaño de la cadena hidrocarbonada en los MCT más se acentúan las propiedades cetogénicas y menor puede ser la cantidad de grasa que pueda conformar esta dieta, lo cual llevó a las cadenas farmacéuticas a la producción de fármacos conteniendo cantidades elevadas de estos triacilglicéridos o algunos que en esencia son sólo éstos, como los llamados por su propio nombre **MCT,** que se producen mediante fraccionamiento de aceite de coco y del de la almendra de palma africana.

Con lo expuesto hasta ahora, resultaría más que concluyente para demostrar las propiedades funcionales del aceite de coco, al menos para este tipo de afecciones, sin contar que el propio aceite se expende en las farmacias, aunque lógicamente amparado por etiquetas de marcas con precios que multiplican al de los supermercados o establecimientos de productos minoristas.

Bajo cualquier tipo de marca comercial seria, no debe haber ninguna diferencia entre el aceite de coco que se expende en las farmacias y el de los establecimientos minoristas, pues ambos deben subordinarse a los "stan" de normas del Comité Oleícola Internacional (COI) y otras instituciones similares, como tratamos en el capítulo correspondiente al estudio de la composición química del aceite de coco.

También en las farmacias se expenden grageas o cápsulas blandas con aceite de coco bajo el amparo de grandes firmas farmacéuticas, muy fáciles de digerir, pero cuyo contenido de aceite es relativamente pequeño en relación con las dosis que aparentemente pueden resultar efectivas.

Aunque generalmente se considera que las grasas aportan una energía equivalente a 9 kcal/g, lo cierto es que esto depende de su composición o perfil lipídico, por lo que en los MCT este valor es mucho menor: 7,84 kcal/g, lo que es una diferencia significativa y atendiendo a que éstos son más cetogénicos que los correspondientes TCL; con mucha menor cantidad de grasa se puede alcanzar un estado de cetogénesis, con lo cual hay menor riesgo para la obesidad.

En la dieta cetogénica, una cantidad de MCT de alrededor de 54 ml puede producir una media de 420 kcal, que se puede distribuir en las diferentes comidas para hacerlo más tolerable al gusto.

A partir de las investigaciones de Hunterlocher la dieta cetogénica comenzó de nuevo a tomar relevancia, pero esta vez acompañada de los MCT, en este sentido se elaboraron fármacos como los "Aceites MCT" cuya constitución generalmente es: aceite de coco fraccionado, aceite de fruto de palma fraccionado, agua desmineralizada y emulgente E472c. Este producto con elevada concentración de triacilglicéridos de cadena media aporta 8,55 kcal/ml magnitud menor que el aporte calórico de las grasas convencionales.

Otros productos ricos en MCT son emulsiones como el "liquigen", que es un preparado dietético con alto contenido energético constituido por MCT (ácido cáprico (C10:0) y caprílico (C8:0)) que se dice aporta 4,5 kcal/ml, por el menor tamaño de las cadenas hidrocarbonadas de los ácidos grasos que lo componen.

La vertiente de las formulaciones para elaborar preparados farmacéuticos de MCT o productos derivados de ellos, se ha incrementado notablemente en los últimos tiempos, de manera que podemos hablar de:

Caprenin: No es más que un triacilglicérido enriquecido con ácido cáprico, ácido caprílico y ácido behénico en sus enlaces con la glicerina (Proter & Gamble) como emulador de las propiedades del aceite de coco, para que su actividad fuese más intensa. El contenido de ácido behénico oscila en torno al 50% y su aporte calórico está entre 4-5 kcal/g. Los resultados de este producto no fueron los esperados por su efecto negativo en la relación COLt/HDL, factor de riesgo en las enfermedades cardiovasculares (ECV), por lo dejó de emplearse a finales del siglo pasado.

Salatrim: (short and long acyltriglyceride molecule) En este preparado de baja densidad calórica se tiende a sustituir los acilglicéridos de cadena larga (TCL) por otros de cadena corta: acético, propiónico y butírico (triacetina, tripropionina o tributirina). La intensidad calórica de estos preparados ronda los 5 kcal/g, aunque el ácido graso de cadena larga más empleado como complemento de estas uniones con ácidos de cadena corta es el esteárico, que se supone no crea riesgo de ECV.

También en estos preparados pueden incluirse otros ácidos grasos de cadena más larga que los anteriores obteniéndose una amplia variedad de formas y productos, aunque siempre buscando un balance para no producir compuestos sólidos o con alto contenido calórico, lo que se logra controlando los niveles de ácido esteárico y los de ácidos de cadena corta. De esta forma se logra que el salatrim emule a la mantequilla de coco en sus propiedades físicas para su uso en productos alimenticios.

A nuestro juicio, por lo alto de las concentraciones de MCT en estos preparados, es recomendable que para su uso se requiera la consulta con el médico de cabecera u otro tipo de profesional de la salud especializado y conocedor de los mismos. Por su parte, la Administración de Drogas y Alimentos de los Estados Unidos (FDA) considera que debe aparecer en el etiquetado de los alimentos su empleo, mientras la UE aprobó su uso en 2003. En este caso, más que un agente productor de MCT, es un agregante alimentario de bajo índice calórico que aporta ácidos grasos de cadena corta.

También se han elaborado ésteres de la sacarosa con MCT y otros ácidos grasos, con fines más bien relacionados con alimentos de bajo índice calórico con posible incidencia en el tratamiento de la obesidad tal es el caso de la "olestra", un ester, o más bien un poliéster de la sacarosa con ácidos grasos de entre 6-8 átomos de carbono y otros de cadena larga.

En todos estos tipos de producto se exige por la FDA que se etiqueten o requieran, en su caso, la autorización de las instituciones europeas si se emplean dentro del territorio de esta comunidad.

En relación con productos cetogénicos que se forman en el metabolismo a partir de los MCT, las líneas han estado inclinadas preferentemente al DBH, de manera que éste se comercializa para proporcionar una fuente exógena de este cuerpo cetónico, además del que el propio organismo elabora a partir de los MCT. La eficacia del DBH exógeno está en estudio, así como otros compuestos derivados del mismo.

Como hemos podido analizar, actualmente existen diferentes formulaciones farmacéuticas ricas en MCT, relacionadas con la formación de cetogéneis y en las que se trata de emplear la menor cantidad posible de fármacos, pero con un efecto mayor, pero siempre tomando como base los cuerpos cetónicos que se forman por la metabolización de los ácidos grasos de cadena media.

Los MCT son fácilmente absorbidos y metabolizados por el hígado para producir cetonas como: acetoacetato y D-β-hidroxibutirato, que pueden competir con la glucosa para producir energía, sobre todo en zonas como el cerebro, donde las células nerviosas les es difícil encontrar otras fuentes de energía, salvo la glucosa, que en determinadas circunstancias se hace difícil de oxidar por la insulina, como son las afecciones o enfermedades cerebro encefálicas degenerativas como el alzheimer.

Se infiere por algunos especialistas que el DBH (D-β-

hidroxibutirato) produce más energía por unidad de masa que la glucosa, con lo cual se libera en mayor cuantía y es algo que para las células cerebrales puede ser muy importante, dado que están más expuestas a estos males que las demás células del organismo, que pueden obtener energía por otros medios.

Desde el punto de vista redox, la glucosa: $C_6H_{12}O_6$ es un compuesto cuyo número medio de oxidación para el carbono es mayor que en el DBH ($C_4H_8O_3$), por lo que este último se encuentra en un estado más reducido como se comprueba en el siguiente cálculo:

Glucosa:

$6C + 12H - 6O = 0$; $6C + 12 - 12 = 0$; $C = 0/6 = 0$.

Para el DBH;

$4C + 8H - 3O = 0$; $4C + 8 - 6 = 0$; $C = -2/4 = -0,5$.

Para este tipo de cálculos se toma como numero de oxidación del hidrógeno +1, y -2 para el oxígeno.

En otras palabras; los cuerpos cetónicos como el DBH son una magnífica fuente de energía para la respiración celular y se ha demostrado que esto ocurre en las células de músculos cardíacos y esqueléticos, además del cerebro.

Una vez se ingieren, los MCT son absorbidos por el intestino y pasan a la circulación portal, y directamente al hígado para su rápida oxidación, no precisan de la carnitina palmitoiltransferasa para su transporte mitocondrial, tampoco se incorporan como reserva lipídica y se emplean de inmediato.

Los triglicéridos de cadena media ofrecen como efecto terapéutico la ventaja, ante otros de cadena larga, el de ser más efectivos para preservar la función cerebral bajo hipoglicemia. Se ha demostrado que el ácido láurico incrementa más las concentraciones de cuerpos cetónicos que otros ácidos grasos.

REFERENCIAS.

(1) Woodyatt, R. (1921). *Objects and method of diet adjustment in diabetics.* Arch Intern Med 28:125–141.

(2) Wilder, R. (1921). *The effect on ketonemia on the course of epilepsy.* Mayo Clin Bull2:307.

(3) Biltz, H. (1908). *Über die Bromierung des Diphenylglyoxalons. II.* Ber. dtsch. Chem. Ges. 41, 1379 [1908].

(4) Huttenlocher, P., A. Wilbourn and J. Signore (1971*). Medium-chain triglycerides as a therapy for intractable childhood epilepsy.* Neurology.1971 Nov; 21(11):1097-103.

(5) Owen, O, et al. (1967). *Brain metabolism during fasting.* J Clin Invest 1967; 46:1589–95.

(6) Drenick, E, et al. (1972). *Resistance to symptomatic insulin reactions after fasting.* J Clin Invest 1972; 51:2757–62.

(7) Huttenlocher, P. (1976). *Ketonemia and seizures: metabolic and anticonvulsant effects of two ketogenic diets in childhood epilepsy.* Pediatr Res. 1976 May;10(5):536-40.

(8) Mitchell, G. et al. (1995). *Medical aspects of ketone body metabolism.* Clin Invest. Med.1995 Jun; 18(3):193-216.

(9) Veech, R. et al. (2001). *Ketone bodies, potential*

therapeutic uses. IUBMB Life. 2001. Apr; 51(4):241-7.

(10) Cahill G.Jr. and R. Veech (2003*). Ketoacids? Good medicine*? Trans Am Clin Climatol Assoc. 2003;114:149-61; discusión 162-3.

(11) Samoilova M1, et al. (2010). *Chronic in vitro ketosis is neuroprotective but not anti-convulsant.* J.Neurochem. 2010 May; 113(4):826-35.

(12) Massieu, L. (2003). *Acetoacetate protects hippocampal neurons against glutamate-mediated neuronal damage during glycolysis inhibition.* Neurosciense. 2003; 120(2):365-78.

(13) Nonaka, Y. et al. (2016). *Lauric Acid Stimulates Ketone Body Production in the KT-5 Astrocyte Cell Line.* (J Oleo Sci. 2016 Aug 1;65(8):693-9.

CAPÍTULO IV

ACEITE DE COCO Y OBESIDAD

Es de inferir que después de hallar que los ácidos grasos de cadena media que se encuentran en el aceite de coco no siguen en el organismo la misma ruta metabólica de los demás ácidos grasos de cadena larga, a lo que se suma además, que su oxidación es más rápida y producen menos cantidad de energía por unidad de masa ingerida, deberían de tener algún efecto sobre el sobrepeso y la obesidad, y un último argumento, quizás el más llamativo: no forman adipositos, y por lo tanto no se almacenan en el tejido adiposo, al menos bajo ingesta moderada.

Sí, con estos argumentos resulta recomendable enfocar el posible uso del aceite de coco en una dieta para bajar de peso, tal como sucede con la cetogénica, pero por el momento no consideramos que esta última deba ser la más indicada, al menos hasta agotar otras vías, por cuanto requiere disminuciones sustanciales de otros nutrientes y tiene efectos relativamente más intensos que una dieta normal, además que su uso está muy bien destinado para otros trastornos, como los cerebro encefálicos.

A todo lo anterior hay que añadir, que hay algunas evidencias de estudios recientes, de que el aceite de coco no contribuye al daño aterosclerótico, independientemente que se incrementen los valores de Col_T y LDL, pues en mayor proporción lo hace con las HDL, contrarrestando este efecto. Esto es muy importante de tener en cuenta, porque generalmente con la obesidad están asociados trastornos cardiovasculares.

Sin embargo, dictar una dieta de aceite de coco contra el sobrepeso y la obesidad, tiene el mismo inconveniente de los cientos de dietas que diariamente se proponen y recomiendan de forma escrita y oral, y hay muchas, y todos los días se publican algunas más, pero si una sola de ellas tuviese el efecto deseado sin llevar al organismo a un estado de estrés o a un esfuerzo sobrehumano, o alterar completamente la forma de vida de las personas, o lo que es peor, que pueda causar otro tipo de trastornos, entonces no harían falta tantas dietas. Y es que a veces se olvida que la obesidad y el sobrepeso son un trastorno asociado con la forma y hábitos de vida social de nuestra época.

Sí, en épocas anteriores no se alcanzaron niveles tan elevados de obesidad y sobre peso, como los actuales, lo que constituye una preocupación para los que se ocupan del estado de salud de las personas y para ellas mismas. El por ciento de personas obesas, o con sobrepeso, es alto, sobre todo en los países desarrollados e industrializados, donde se reúnen todos los factores para que las personas aumenten de peso y ocurra un desbalance entre la energía que se consume y la que se gasta, cayéndose entonces en un problema esencialmente termodinámico, de acuerdo con su primer principio o "Ley de conservación y transformación de la energía", por lo que el organismo humano, como protección hace lo más recomendable, almacenarla en la forma material que mejor pueda serlo de acuerdo con su contenido por unidad de masa, esto es, las grasas en el tejido adiposo.

Y una vez almacenadas las grasas y manteniéndose el desequilibrio, entra más energía que la que se gasta en las diferentes actividades en que participa el hombre, la mayoría sedentarias y carentes de una intensa actividad física, entonces continúa este acaparamiento aparentemente innecesario hasta que ocurre lo que es de esperar, que se reviente esta burbuja, pero no en la forma que se disperse y desaparezca la grasa, sino mediante otros males: hipertensión, trastornos cardiovasculares, etc. algunos de los cuales pueden resultar fatales.

Se une a todo lo demás, la alta disponibilidad de alimentos de muy variada calidad y gustos agradables a los que pueden tener acceso las personas de acuerdo con su poder adquisitivo, sobre todo en los países desarrollados. Y esto es algo que antes, en épocas pasadas no ocurría.

En los países económicamente pobres y poco desarrollados, la mayor parte del poder adquisitivo de los ciudadanos se emplea en alimentos, y las personas cuentan con menos medios de transporte mecánico, realizan mayores desplazamientos caminando, realizan trabajos con mayor actividad física, y generalmente en espacios más amplios, muchos de ellos al aire libre, por lo que consumen una mayor cantidad de energía y en mayor proporción alcanzan el equilibrio termodinámico.

Indudablemente, el desarrollo tiene su precio, además, las dietas comunes de las personas en los países desarrollados son más ricas en grasas y proteínas, y menos en vegetales, con lo que aumenta la exposición al sobrepeso y la obesidad.

Se suma a lo anterior, el incremento del consumo de productos elaborados y semielaborados para hacer más llevadero el ritmo de vida, u obligados por la dinámica o la lejanía del trabajo, disminuyendo la frecuencia de comidas sanas y los cuidados tradicionales para su elaboración. En una casa se cocina, no solo en dependencia de los gustos, sino también de acuerdo con el bienestar de las personas que constituyen el núcleo familiar; en un restaurante o en un establecimiento de comida rápida los parámetros son otros, pero en ningún caso en relación con el estado de bienestar o la salud del consumidor. Lo mismo se le servirá un plato de papas fritas con un aceite sobre utilizado a la persona más delgada que a la más obesa, sin ningún tipo de distinción ni advertencia, y cocinadas con el aceite adecuado o el inadecuado. Para el establecimiento ese es un problema del consumidor.

Visto lo anterior, y que las campañas dietéticas, de estímulo del ejercicio físico y otras, además de promesas dietéticas infundadas, según las estadísticas no ha resuelto el problema, éste se agrava cada día más.

Basta para tener una idea sobre la incidencia de la obesidad y el sobrepeso en el mundo moderno ver que los diez países con mayor índice del mundo sobrepasan el 25% de la población entre las personas mayores de 15 años, siendo el que presenta el indicador más desfavorable Estados Unidos con un 38% seguido por México, 32,4% y Nueva Zelanda con el 30,7%. En otras palabras, en el estado industrial más desarrollado del mundo 2 de cada 5 personas están afectadas por el sobrepeso, y en el caso de México se aprecia que el desarrollo cobra un alto precio en el estado de la salud de las personas. Algo parecido ocurre con China donde entre 2006 y 2016 los niveles de sobrepeso en niños se duplicaron, a la par que crecía a ritmos avanzados la industrialización y el desarrollo económico. Con Chile ocurre algo similar, es un país que en los últimos tiempos ha avanzado mucho en su desarrollo agrícola-industrial, pero que también ha pagado su peaje en este tortuoso camino, y ocupa el 8vo. puesto a nivel mundial en este negativo indicador (1).

Indudablemente, sería absurdo plantear que se debe detener el desarrollo, pues éste trae asociado el progreso y otros factores de bienestar social y de salud para la población, pero si establecer que no solo con la dieta se puede solucionar el sobrepeso y la obesidad en medio de un clima tan agresivo.

Hay quienes simplifican el problema y plantean que el sobrepeso, cuando no es una enfermedad genética, se combate solo con dos cosas: dieta y actividad física, a lo que yo sumaría otra: el entorno, y mientras éste actúe con tanta fuerza e intensidad, dudamos que los dos primeros puedan realizarse con eficacia y mucho menos de manera que es lo que demanda el momento.

El entorno también es el causante de intensas propagandas de productos alimentarios, algunos de los cuales de agradable sabor y presencia constituyen una tentación para las personas. En el propio campo de los aceites vegetales hemos notado que se sobredimensiona la propaganda en este sentido, y más que sugerir que se consuma solo el que precisa el organismo, se aconseja que se consuma más y para cualquier cosa; y el aceite de coco aunque no es el principal protagonista en el complejo sector oleícola, no está exento de esto; y más que valorar qué aceites se pueden sustituir, o como balancearlos con otros, se tiende más bien al suplemento, cuestión que favorece incumplir aún más los principios de la termodinámico, que deben ser en este caso inviolables.

Al parecer la termodinámica no solo afecta en lo que concierne al Primer Principio, también al segundo, el de la Entropía como medida del desorden, y si se postulaba que los sistemas tienden al máximo de entropía y de desorden, esto último no solo se refiere a las moléculas; nuestro mundo al parecer es cada día más caótico y desordenado, y la alimentación también sigue este patrón. Cuando ha ocurrido un desorden en el balance y el equilibrio alimenticio es muy difícil poner orden y que las cosas vuelvan a su lugar, y esto lo saben muy bien los que afirman que subir peso se hace fácil, de manera espontánea, pero bajar, resulta muy difícil.

En el caso de las personas con pesos normales, es recomendable ingerir el contenido energético equivalente al que se va a gastar, y en las que tienen sobrepeso, como menos, igual, pero preferiblemente menor para disminuir este parámetro.

Es conveniente, antes de continuar, detenernos en algunos conceptos, y más que todos, en el de "obesidad", que de forma simple se puede definir como una enfermedad crónica, pero tratable, que viene acompañada por un exceso de acumulación de grasas en el tejido adiposo. Es el trastorno más común de la sociedad en los países desarrollados. Aumenta con la edad y sus causas pueden ser: factores ambientales y sociales, exceso de ingesta alimenticia, sobre todo en alimentos calóricos, así factores genéticos de metabolismo y hormonales. Se caracteriza por el sobrepeso. Es uno de los principales factores de riesgo cardiovascular.

Además del peso, la forma más fácil de medir la obesidad es el diámetro de la cintura: más de 35 pulgadas las mujeres y 40 los hombres para considerarse afectados por sobrepeso, así como el índice de masa corporal (IMC), que se calcula dividiendo los kilogramos de peso por el cuadrado de la altura (IMC = P/h^2).

Se considera que la mejor forma de tratar la obesidad es mediante el cambio de la forma o estilo de vida, con todos los factores que esto puede conllevar, incluyendo la actividad física y la dieta, en la que se debe consumir menos cantidad de energía (calorías) que las que se eliminan, hasta adquirir el peso normal, a partir del cual debe mantenerse un equilibrio entre el gasto y el consumo.

Si las calorías que se consumen con la ingesta de alimentos no se gastan, se incrementa la obesidad, si se gasta la misma cantidad que se consume, se mantiene el peso, si se gastan mas de las que se consume, disminuye el peso.

Indudablemente, el ejercicio físico es la forma más efectiva de gastar energía, pero en la medida que aumenta el sobrepeso hay más dificultades de movilidad y surgen otros síntomas que pueden limitar su ejecución.

Las grasas son los nutrientes que contienen más energía por unidad de masa debido a factores estructurales y termodinámicos, a la par que son la forma más racional y menos voluminosa de almacenar energía mediante el tejido adiposo. Si la energía se almacenara en forma de carbohidratos o proteínas, el volumen de las personas como mínimo se duplicaría, pues éstas tienen un poder calórico menos de la mitad que el de los lípidos.

A las propiedades nutritivas de las grasas hay que añadirles que constituyen una forma de defensa del organismo ante determinadas contingencias, pues de lo contrario su exceso se evacuaría durante el proceso digestivo; es como si por un mecanismo automático el organismo previera épocas de falta de alimento o hambrunas, como ocurrió en tiempos pasados.

Hasta el presente, la norma general establecía que el ingerir grasas saturadas incrementaba más los niveles de sobrepeso que las insaturadas, pero actualmente están surgiendo evidencias de que esto no puede verse como un principio sin excepciones, pues algunos estudios e investigaciones recientes avalan que esto no se cumple para todas las grasas saturadas, pues las que poseen altos niveles de triacilglicéridos de cadena media (MCT) no se comportan de esta forma, como es el caso del aceite de coco.

Por tanto, las propiedades fisicoquímicas de los ácidos grasos saturados de cadena media y corta, que determinan la forma de ser metabolizados en el organismo, no posibilita que éstos eleven los niveles de peso y se almacenen como tejido adiposo; aunque si el consumo es muy elevado, esto puede llevarse a cabo, sobre todo con los de mayor cadena hidrocarbonada como el láurico. Pero en condiciones normales, los ácidos grasos saturados de cadena media compiten con los demás ácidos grasos de cadena larga y éstos son los que pasan a ser almacenados en el tejido adiposo independientemente de su carácter, aunque preferentemente los saturados más frecuentes en la dieta: palmítico (C16:0), esteárico C18:0) y el menor de ellos; el mirístico (C14:0).

Por consiguiente, se puede inferir que el ingerir aceite de coco, más bien introducirlo en las comidas como un aceite más, podría redundar en mejoras para el sobrepeso dado además de su tendencia a no almacenarse sus ácidos grasos de cadena media, además del hecho de que tienen menor poder energético, entre otros factores, de manera que por unidad de masa evolucionan menos calorías. Sin embargo, adicionar aceite de coco como suplemento si se mantiene el mismo contenido calórico con otras grasas, no redundará en una disminución de peso, pues éstas últimas se almacenarán y no se consumirán, incluso puede tener un efecto adverso al elevarse el consumo de energía calórica, por lo que lo ideal es la sustitución parcial, (mejor que total) de los demás aceites, preferimos la parcial manteniendo niveles adecuados de grasas alto oleicas (aceite de oliva, girasol alto oleico, entre otros) como protección de las ECV, por lo del ácido mirístico y los demás ácidos grasos saturados contenidos en el aceite de coco, y la necesidad de que la dieta sea variada y aporte la mayor cantidad posible de nutrientes, incluyendo los ácidos grasos esenciales poliinsaturados: linoleico y linolénico que no son sintetizados por el organismo.

Desde el punto de vista electroquímico, las largas cadenas hidrocarbonadas de los ácidos grasos se encuentran mas reducidas por lo que tienden a producir más energía por oxidación que las de los ácidos de cadena media y corta.

Así por ejemplo, para el ácido palmítico:

Ácido palmítico: $CH_3(CH_2)_{14}COOH$: $C_{16}H_{32}O_2$, el número medio de oxidación para el carbono en la molécula es:

$16C + 32 - 4 = 0, C = -(28/16) = -1,75$

Mientras que para el ácido caprílico: $CH_3(CH_2)_6COOH$: $C_8H_{10}O_2$, el número medio de oxidación para el carbono en la molécula es:

$8C + 14 - 4 = -(10/6); C = -1,66$

De acuerdo con estos valores, un ácido graso saturado de cadena larga como el palmítico es: -1,75/-1,66 = 1,05 veces menos reductor uno de cadena media como el caprílico.

También, además de los factores redox y los relacionados con la lipogénesis, no hay que olvidar que los MCT, sobre todo los de menor tamaño, son una fuente que favorece la formación de los cuerpos cetónicos. Este mecanismo de producir cuerpos cetónicos está menos dado para los ácidos grasos de cadena larga, de manera que los primeros producen alrededor de cuatro veces más que los segundos y su gasto energético, si se consumen de forma moderada, es inmediato y en las horas siguientes de ser ingeridos.

Lo anterior está relacionado con que en el metabolismo de los MCT éstos son transportados directamente al hígado donde son oxidados a cuerpos cetónicos: acetoacetato (CH_3COCH_2COO) Y D-β-hidroxibutirato ($CH_3CHOHCH_2COO$), mientras que los de mayor longitud pueden formar acetil-CoA y pasar a la cadena respiratoria y al ciclo de Krebs. Los cuerpos cetónicos pueden ir a otros tejidos, incluso al cerebro, para producir energía, proceso que por su menor tamaño y complejidad se desarrolla más rápido.

Por otra parte, los cuerpos cetónicos muestran cierta tendencia a crear saciedad, lo que posibilita un mejor control de la dieta para las personas con trastornos de sobrepeso.

No obstante lo anterior, los cálculos llevan a que sería necesario consumir elevadas proporciones de AGSCM para obtener disminuciones significativas de peso, con resultados complejos, dado que pueden actuar sobre otros parámetros, como los triglicéridos (TAG) y el colesterol y su respuesta al tratamiento.

A pesar de esto último, desde hace algunos años se observa con atención el efecto de los AGSCM sobre la obesidad y el sobrepeso y los factores asociados; y como el aceite de coco es un producto natural que contiene elevadas concentraciones de éstos ácidos, éste está siendo objeto de atención por la comunidad internacional, y científica en particular (2).

Es necesario entonces valorar los resultados de investigaciones realizadas en los últimos años en este campo, para extraer las conclusiones pertinentes, y qué mejor que comenzar haciendo referencia a los resultados publicados en 1993 sobre un famoso estudio poblacional de seguimiento, relacionado con los particulares hábitos y estilo de vida de los habitantes de la isla de Kitava, archipiélago de Trobriand Island en el Océano Pacífico (Papua, Nueva Guinea) (3).

Los habitantes de esta isla, que mantenían (y decimos mantenían porque la situación actual no debe ser la misma) un estilo de vida primitivo de subsistencia, basaban su alimentación en frutas, vegetales, incluyendo el coco, y el pescado. De manera que éstos dos últimos eran su principal fuente de grasas. Allí se realizó el estudio con toda la población (1816 personas) y entre los parámetros medidos y las observaciones y relatos de sus habitantes se concluyó que: "El accidente cerebro vascular y la cardiopatía isquémica parecen estar ausentes en esta población", y también otros males relacionados con el estilo de vida moderno.

Por otra parte, se han realizado diferentes estudios en animales, fundamentalmente en ratas, sobre la relación entre la obesidad y los MCT, entre ellos, el publicado en 1980 por G. Bray y colaboradores (4). En él, compararon el aumento de peso en ratas alimentadas con aceite de maíz (rico en ácidos grasos poliinsaturados) y MCT para valorar la ruta metabólica de ambos, y los efectos que podían causar, ya que en uno circulan como quilomicrones y en el otro van directamente al hígado por circulación portal, encontrando que hubo un mayor incremento de peso con el de las dietas ricas en aceite de maíz que con las de alto contenido en MCT. También la ingesta calórica lo fue mayor en éste. En resumen, concluyeron que: "...la ruta por la cual los nutrientes son absorbidos juega un papel en la regulación del almacenamiento de grasa corporal."

Más adelante, y para determinar el efecto de una sobrealimentación de MCT en ratas, comparada con dietas ricas en triacilglicéridos de cadena larga (LCT), A. Geliebter y colaboradores (5) publicaron en 1983 los resultados de un experimento en el que ambos tipos de grasas fueron administrados para que cubrieran el 45% del gasto total de energía. Los resultados obtenidos fueron los esperados: las ratas alimentadas con MCT aumentaron un 20% menos de peso y mostraban depósitos de grasa que pesaban menos de un 23%; también el tamaño medio de los adipositos fue menor que en las que se emplearon ácidos grasos de cadena larga, con lo que se infiere que los MCT tal vez podrían ser adecuados para disminuir la obesidad en humanos.

En 1987 se publicaron los resultados de experimentos muy completos de los parámetros asociados con dietas MCT y LCT en presencia o no de carbohidratos (6). Se encontró que las ratas alimentadas con mayor contenido de MCT tuvieron un incremento menor del 30% en peso, que las otras, así como también lo fue la retención energética, lo que llevó a una disminución del 60% de lípidos diarios. Las concentraciones séricas de cuerpos cetónicos fueron mayores en la dieta enriquecida con MCT, pero fueron disminuyendo a lo largo del experimento hasta al final ser la mitad de la obtenida en la etapa inicial, lo que podría deberse a una adaptación de las ratas a una dieta rica en MCT. Durante el estudio se midieron otros parámetros de interés como la relación DBH/Acetoacetato, lactato/piruvato, la actividad de la enzima málica en el hígado, entre otros.

El carácter estructural de las grasas en los triacilglicéridos de cadena media y larga, y su efecto sobre la grasa corporal en ratas fueron medidos en comparación con los triacilglicéridos normales de cadena larga (7), obteniéndose que los contenido de grasa de los tejidos intraabdominales y de la canal fueron menores que en las ratas alimentadas con dieta ricas en ésta última, por lo que se concluye: que los primeros son menos efectivos para la acumulación de grasa en el tejido adiposo y por consiguiente tienden a no favorecer la obesidad.

Para determinar el efecto diferenciado de la termogénesis entre MCT y LCT, en 2002 científicos japoneses (8) estudiaron el cálculo del consumo de oxígeno por ratas alimentadas con ambos tipos de aceites y sus resultados - de mucho interés - demostraron que éste era mayor en las ratas alimentadas con MCT, así como que el contenido de grasa abdominal era menor que en las alimentadas con LCT. Medido en términos calóricos, los MCT disminuyeron en 0,27 kcal/g de grasa más que los LCT.

En el plano humano hay referencias de 2009 sobre un estudio a doble ciego con 40 mujeres de entre 20 y 40 años caracterizadas por tener obesidad abdominal, a las que se les suministró 30 ml aceite de coco, o de soya, de forma indistinta, durante doce semanas, bajo una dieta hipocalórica equilibrada acompañada de cierta actividad física (9). Los resultados obtenidos mostraron que en el grupo con aceite de coco se incrementó más las LDL que en el de soja (Muy rico en AGPI), por lo que se obtuvo una menor relación

LDL/HDL; y aunque hubo disminuciones en el diámetro abdominal en ambos grupos, en el de aceite de coco éste fue más significativo, lo que llevó a la conclusión de que el aceite de coco no produjo hiperlipidemia y contribuyó al descenso de la obesidad abdominal.

Un interesante estudio antropométrico que relaciona el efecto de diferentes aceites vegetales sobre la obesidad, fue efectuado recientemente en Brasil (10), en él, se comparó la acción de los aceites de coco, chía, cártamo y soja sobre este trastorno; y se halló que: "El aceite de coco tuvo un efecto más pronunciado sobre la adiposidad abdominal y el perfil glicídico, mientras que el aceite de chía tuvo un efecto mayor sobre la mejora del perfil lipídico. De hecho, la suplementación con diferentes composiciones de ácidos grasos dio lugar a respuestas específicas"

Una interesante comparación de los efectos de dietas ricas en MCT Vs. Otras con LCT, se llevó a cabo en 2003 para comparar el efecto de ambas durante un estudio de 27 días en mujeres con sobrepeso (11). Las dietas en cuestión contenían un 40% de energía en forma de grasas; la MCT en forma de un preparado a partes muy similares de octanoato (caprico) y decanoato (caprílico), y la LCT como sebo de vacuno. Las medidas de composición corporal se hicieron mediante técnicas de resonancia magnética nuclear. Al final se pudo comprobar que el consumo a largo plazo de MCT mejoró la EE (eficiencia energética) y la oxidación de la grasa en las mujeres obesas sometidas a estudio, en comparación con el consumo de LCT. La diferencia en el cambio de composición corporal entre el consumo de MCT y LCT, aunque no fue estadísticamente significativo, fue consistente con las diferencias predichas por los cambios en la EE. Se puede concluir que la sustitución de LCT por MCT en una dieta de equilibrio energético puede prevenir el aumento de peso a largo plazo a través de una mayor EE.

En 2016 se realizó un meta análisis aleatorio sobre ensayos realizados para medir los efectos comparados de las LCT y MCT sobre los indicadores de sobrepeso, encontrándose que: "El reemplazo de las LCT por TMC en la dieta podría potencialmente inducir reducciones modestas en el peso corporal y la composición, sin afectar negativamente los perfiles lipídicos. Sin embargo, se requiere ensayos experimentales adicionales por parte de grupos de investigación independientes, para que realicen estudios más amplios y bien diseñados para confirmar la eficacia de los MCT y determinar la dosis necesaria para el manejo de un peso corporal y una composición saludables" (12). En lo que respecta a los lípidos plasmáticos no se encontraron diferencias significativas.

En 2010 se investigó el efecto de la longitud de cadena de los ácidos grasos, postprandial e ingesta de alimentos en hombres delgados para comprobar si los triglicéridos de cadena media (MCT) mostraban una mayor disminución del apetito, dada su mayor cinética de oxidación acompañada de una lipemia atenuada. Como dieta con alto contenido de MCT se utilizó el aceite de coco, y para los LCT el sebo como grasa. Los parámetros medidos, incluyendo la percepción de lo agradable, el aspecto visual, el olor, el sabor, el gusto y la palatabilidad, no mostraron diferencias significativas entre ambos grupos, por lo que: "Se concluye, que no hubo pruebas de que la longitud de la cadena de ácidos grasos tenga un efecto sobre las medidas del apetito y la ingesta de alimentos cuando se evalúa después de una sola comida de prueba alta en grasa, en personas delgadas" (13).

Con respecto a la saciedad, que es un parámetro que puede desempeñar un papel importante sobre la ingesta de alimentos, se hicieron ensayos comparativos entre aceites ricos en MCT, con ácido linoleico conjugado (C18:2) en cerca de una veintena de adultos sanos. Se midió el tiempo entre comidas así como la saciedad de las escalas analógicas visuales; y los resultados mostraron que ambos aceites producían este efecto en diferentes comidas, sin que hubiese diferencias significativas entre ambos, que aumentaron la saciedad y disminuyeron la ingesta de energía (14).

Como en los últimos años ha tomado relevancia el empleo del aceite de coco con diferentes fines funcionales y éstos tienen unas alta concentración de MCT, podría ser interesante comparar el efecto del mismo con el de grasas muy ricas en MCT en el aumento de la saciedad, lo que se traduce en la práctica en menor ingesta de alimentos, y por consiguiente, disminuir la obesidad. Para esto se realizaron ensayos en humanos cuyos resultados indican que los MCT aumentaron significativamente más ésta que el aceite de coco, con lo cual las personas consumieron menos alimentos; aunque el aceite de coco mostró mejores resultados que el grupo control. (15) De tal manera, se comprueba que la sustitución de los MCT por aceite de coco para causar saciedad y disminuir la ingesta alimentaria no es completamente factible, aunque éste muestra incidencia sobre la saciedad. Realmente no es comparativo su uso en este sentido, atendiendo a que en los preparados ricos en MCT hay mayor cantidad de éstos y generalmente de menor longitud de cadena (C6:0, C8:0, etc.) no como en el aceite de coco donde predomina el ácido láurico (C12:0) de longitud de cadena hidrocarbonada mayor.

Valorados los resultados de las investigaciones anteriores sobre el efecto del aceite de coco y los MCT sobre la obesidad y sus factores asociados, hay suficientes evidencias de que éstos inciden favorablemente en la pérdida de peso, pero el nivel de sus contribución al parecer no resulta en modo práctico suficiente para alcanzar los niveles de peso adecuados por las personas que poseen sobrepeso, al menos de manera inmediata. No obstante, contribuyen en cierta medida a su disminución, resultando mucho más efectivos, como era de esperar, los preparados de MCT, que el aceite de coco. Esto no excluye el uso de este aceite por las personas siempre y cuando sustituyan otras grasas de cadena larga en la misma cuantía energética de la contribución de las mismas, y con niveles de acuerdo a las posibilidades del organismo, por lo que sería recomendable atenerse a los consejos de su médico.

El aceite de coco y los MCT por si solos no pueden solucionar el problema del sobrepeso y la obesidad, por la multiplicidad de factores que influyen en éstos, no son un milagro como se hubiese deseado, aunque resultan mejores que sus congéneres de cadena larga que son los que comúnmente consume la población, y contribuyen en algo a la disminución de esta incómoda y perjudicial afección que incide cada vez más sobre una alta porción de la sociedad humana en los países desarrollados. Por todo lo anterior, su inclusión como aceite de cocina y para ensaladas parece más que recomendable, aunque preferiblemente conjugados con otros aceites de alto contenido en ácidos grasos insaturados.

REFERENCIAS:

(1) El Comercio, Perú. (2018). *¿Cuál es el país con mayor índice de obesidad?* Redacción EC 08.04.2018.

(2) Sayazo-Ayerdi, S., et al. (2008). *Utilidad y controversias del consumo de ácidos grasos de cadena media sobre el metabolismo lipoproteico y obesidad.* Nutr. Hosp. 2008;23(3):191-202

(3) Lindeberg. S. and B. Lundh. (1993). *Apparent absence of stroke and ischaemic heart disease in a traditional Melanesian island: a clinical study in Kitava.* J Intern Med. 1993 Mar; 233(3):269-75.

(4) Bray, G, M. Lee and T. Bray. (1980). *Weight gain of rats fed medium-chain triglycerides is less than rats fed long-chain triglycerides.* Int J Obes. 1980;4(1):27-32.

(5) Geliebter A., et al. (1983). *Overfeeding with medium-chain triglyceride diet results in diminished deposition of fat.* American Journal of Clinical Nutrition 37(1):1- 4. February 1983.

(6) Gayle Crozier, et al. (1987). *Metabolic effects induced by long-term feeding of medium-chain triglycerides in the rat.* Metabolism Volume 36, Issue 8, August 1987, Pages 807-814

(7) Tatsuhiro Matsuo and Hiroyuki Takeuchi (2004). *Effects of structured medium- and long-chain triacylglycerols in diets with various levels of fat on body fat accumulation in rats.* British journal of nutrition Volume 91, Issue 2 February 2004 , pp. 219-

(8) Osamu Nogushi, et al. (2002). *Diet-Induced Thermogenesis and Less Body Fat Accumulation in Rats Fed Medium-Chain Triacylglycerols than in Those Fed Long-Chain* Triacylglycerols. J Nutr Sci Vitaminol, 48, 524-529, 2002.

(9) Assunção M. et al. (2009) *Effects of dietary coconut oil on the biochemical and anthropometric profiles of women presenting abdominal obesity. Lipids.* 2009 Jul; 44(7):593-601.

(10) Oliveira-de-Lira L. et al. (2018). *Supplementation-Dependent Effects of Vegetable Oils with Varying Fatty Acid Compositions on Anthropometric and Biochemical Parameters in Obese Women.* Nutrients. 2018 Jul 20;10(7). pii: E932.

(11) St-Onge M., et al. (2003). *Medium- versus long-chain triglycerides for 27 days increases fat oxidation and energy expenditure without resulting in changes in body composition in overweight women.* Int J Obes Relat Metab Disord. 2003 Jan; 27(1):95-102.

(12) Poppittab S., et al. (2010). Fatty acid chain length, postprandial satiety and food intake in lean men. Physiol Behav. 2010 Aug 4;101(1):161-7.

(13) Mummet, K. and W Stonehouse. (2015). *Effects of Medium-Chain Triglycerides on Weight Loss and Body Composition: A Meta-Analysis of Randomized*

Controlled Trials. Journal of the Academy of Nutrition and Dietetics. Volume 115, Issue 2 February 2015, Pages 249-263.

(14) Coleman H, P. Quinn and M. Clegg. (2016). *Medium-chain triglycerides and conjugated linoleic acids in beverage form increase satiety and reduce food intake in humans.* Nutr Res. 2016 Jun;36(6):526-33.

(15) Kinsella R., T. Maher and M.Clegg. (2017) *Coconut oil has less satiating properties than medium chain triglyceride oil.* Physiology & Behavior Volume 179, 1 October 2017, Pages 422-426

OTRAS OBRAS DEL AUTOR

1. El Código Ético y Moral de Confucio.
2. El Código Educativo de Confucio.
3. El Triángulo de Confucio.
4. Confucio para Confusos.
5. Un Réquiem para Maquiavelo.
6. Confucio Vs. Maquiavelo.
7. En las llanuras del Camagüey I. Buenaventura.
8. En las Llanuras del Camagüey II. Dolores Cruz.
9. Sombras que Vagan por la Llanura.
10. África Sonríe Triste, en Silencio.
11. Cuerno de Rinoceronte.
12. Cuerno de Luz.
13. Mkombo, Soba del Norte.
14. Lamento Taurino.
15. El Peligroso Arte de Freír.
16. Caos e Incertidumbre en el Mundo de los Aceites Vegetales.
17. Química de los aceites vegetales.
18. En las llanuras del Camagüey III. La isla prometida.
19. En las llanuras del Camagüey IV. Fantasmal.
20. Aceite de Coco
21. Química del Aceite de Oliva.
22. Aceite de Aguacate.
23. Aceite de Maní (cacahuete).
24. Aceite de Algodón

OTRAS FUENTES BIBLIOGRÁFICAS

Adkins, ed. S.; M. Foale and Y. Samosir (2006). *Coconut revival new possibilities for the 'tree of life'*: proceedings of the International Coconut Forum held in Cairns, Australia, November 2005.

AOCS. (1997). Official *Methods and Recommended Practices of the American Oil Chemists Society, 5th ed.* D. Firestone (ed), AOCS Press, Champaign.

Astiasarán, Y. y J. Martínez, (2003). *Alimentos. Composición y propiedades.* McGraw-Hill Interamericana. Madrid.

Bach, A., Y. Ingenbleek and A. Frey, (1996). *The usefulness of dietary medium-chain triglycerides in body weight control: fact or fancy?* J Lipid Res 1996; 37: 708-726.

Babayan, V. (1987). *Medium chain triglycerides and structured lipids.* Lipids 1987; 22: 417-420.

Badui, S. (2006). *Química de los Alimentos. 4ta. Edic.* PEARSON. Adison Wesley. México.

Bailey, A. (1961). *Química de los Alimentos. 3ra. Edic. Editorial.* Addison Wesley Longman. México.

Coultate, T. (1998). *Manual de Química y Bioquímica de los alimentos.* Ed Acribia. España.

Departamento de Salud y Servicios Sociales de los Estados Unidos (2010). *Dietary Guidelines for*

Americans.

Drenick E, et al. (1972). *Resistance to symptomatic insulin reactions after fasting.* J Clin Invest 1972;51:2757–62.

Eldridge, J., D. Cooper and J. Peters.(2002). *A role for olestra in body weight management.* Obes Rev 2002; 3: 17-25.

Finley, J. et al. (1994). *Caloric availability of SALATRIM in rats and humans.* J Agric Food Chem 1994; 42: 495-499.

FDA (1996). *Food additives permitted for direct addition to food for human consumption; olestra, final rule.* Federal Register, Part III, 21 CFR part 172. US Department of Health and Human Services: Food and Drug Administration 1996; 61: 3118-3173.

Foale, M. (2003*). The Coconut Odyssey: The Bounteous Possibilities of the Tree of Life Canberra*: Australian Centre for International Agricultural Research. pp. 115-116.

Foster, R.; C. Williamson, and J. Lunn, (2009). *Culinary oils and their health effects.* Nutrition Bulletin 34 (1): 4-47.

Gunstone, F. (2002). *Vegetable oils in food technology.* Editor R. Hamilton. Blackwell Publishing CRC

Grimwood, B. (1979). *Coconut palm products: their processing in developing countries.* 2da. edición. Roma: FAO. pp. 193-210.

Hashim, S., A. Arteaga and T. Van Itallie. (1960). *Effect of a saturated medium-chain triglyceride on serumlipids in man.* Lancet 1960; 1: 1105-1108.

Holt, P. (1967). Medium chain triglycerides. A useful adjunct in nutritional therapy. Gastroenterology 1967; 53: 961-966.

Hu, F., et al. (1997). *Dietary fat intake and risk of coronary heart disease in women.* N Engl J Med 1997; 337: 1491-99.

Hu, F. et al. (1999). *Dietary saturated fats and their food sources in relation to the risk of coronary heart disease in women.* Am. J. Clin Nutr 1999; 70: 1001-8.

Kritchevsky D. (1998). *History of recommendations to the public about dietary fat.* J. Nutr 1998; 128: 449-52.

Kromhout D, et al. (1995). *Dietary saturated and trans fatty acids and cholesterol and 25-year mortality from coronary heart disease: the Seven Countries Study* Prev Med 24: 308-15.

Krotkiewski, M. (2001). *Value of VLCD supplementation with medium chain triglycerides.* Int J Obes Relat Metab Disord 2001; 25: 1393-1400.

Lambruschini, N., A. Gutiérrez (Coord.) et al. (2012). Dieta Cetogénica. Spanish Publishers Associates © 2012.

López, C. (2018). *Química de los Aceites Vegetales.* Amazon Kindle KDP Publishing. ISBN.

9781980870401. Spain.

López, C. (2018). *Aceite de Coco*. Amazon Kindle KDP Publishing. ISBN 978198 2999483. Spain.

Lichtenstein A, et al. (1999). *Effects of different forms of dietary hydrogenated fats on serum lipoprotein cholesterol levels*. N Engl J Med (1999); 340: 1933-40.

Moreiras O. et al. (2007). *Tablas de composición de alimentos. 11ª edición*. Pirámide. Madrid.

Mozaffarian D, R. Clarke (2009). *Quantitative effects on cardiovascular risk factors and coronary heart disease risk of replacing partially hydrogenated vegetable oils with other fats and oils*. Eur J Clin Nutr 2009; 63: S22-S33.

Oliver A. et al. (2008). *El libro blanco de las grasas en la alimentación funcional*. 2008 Unilever España, S.A. ISBN: 978-84-612-7466-6, España

Pehowich DJ, A. Gomes and J. Barnes (2000). *Fatty acid composition and possible health effects of coconut constituents*. West Indian Med J. 49,128-33.

Petrauskaité V, W. De Grey and M. Kellens (2000). *Physical refining of coconut oil: Effect of crude oil quality and deodorization conditions on neutral oil loss*. J. Am.Chem. Oil Soc. 77, 582-586.

Ranhotra, G., J. Gelroth, and B. Glaser (1994). *Usable energy value of a synthetic fat (caprenin) in muffins fed to rats*. Cereal Chem 1994; 71: 159-161.

Rao R. and B. Lokesh (2003). *TG containing stearic acid, synthesized from coconut oil, exhibit lipidemic effects in rats similar to those of cocoa butter*, Lipids, 38, 913-918.

Siri-Tarino P., et al. (2010). *Meta-analysis of prospective cohort studies evaluating the association of saturated fat with cardiovascular disease*. Am J Clin Nutr 2010; 91: 535-46.

Stafstrom, C. and J. Rho. (2012). *The ketogenic diet as a treatment paradigm for diverse neurological disorders*. Pharmacol., 09 April 2012.

Swift, L., et al. (1992). *Plasma lipids and lipoproteins during 6 d of maintenance feeding with long-chain, medium-chain, and mixed-chain triglycerides*. Am J Clin Nutr 1992; 56: 881-886.

Taha A, S. Henderson S and W. Burnham. (2009*). Dietary enrichment with medium chain triglycerides (AC-1203) elevates polyunsaturated fatty acids in the parietal cortex of aged dogs: decline*.Neurochem Res. 2009 Sep;34(9):1619-25. Epub 2009 Mar 20.

Torrejón, C. y R. Uauy. (2011). *Calidad de grasa, arterioesclerosis y enfermedad coronaria: efectos de los ácidos grasos saturados y ácidos grasos trans*. Rev Med Chile 2011; 139: 924-931.

Warner K, and N. Michael-Eskin (1995). *Methods to asses quality and stability of oils and fat-containing foods*. AOCS Press. Illinois, USA. Cap. 2,9.

Zschau W. (2000). *Introduction to Fats and Oils Technology*, 2nd edn. Champaign, IL: AOCS Press.

ÍNDICE

Prólogo del autor----------------------------------Pág. 03

Capítulo I. Introducción ------------------------ Pág. 04

Capítulo II. Composición del aceite de coco -- Pág. 12

Capítulo III. Aceite de coco y dieta cetogénica P. 39

Capítulo IV. Aceite de coco y Obesidad------ Pág. 59

Otras Obras del autor ---------------------------- Pág. 81

Otras fuentes bibliográficas---------------------- Pág. 82

Índice --- Pág. 87

www.ingramcontent.com/pod-product-compliance
Lightning Source LLC
Chambersburg PA
CBHW071418220526
45469CB00004B/1333